Medientraining

Quidquid agis,
prudenter agas
et respice finem.
(gesta romanum)

Was auch immer du tust,
tu es klug
und bedenke die Folgen.

Medientraining

Interview, Statement, Talkshow – so gelingt der Presseauftritt

von Juliane Hielscher

Kürschners Politikkontakte

Kürschners Politikkontakte
Medientraining von Juliane Hielscher
ISBN 978-3-95879-000-1

Lektorat: Maren Jessen, Hamburg
Umschlaggestaltung, Layout: Kim Sen-Gupta, Frankfurt/Main
Satz: Schröder Media GbR, Dernbach
Gesamtherstellung: medienhaus Plump, Rheinbreitbach
Titelfoto: iStock.com, Portraitfoto: Hoffotografen

Anschrift der Redaktion:
Kürschners Politikkontakte
Postfach 1560, 53585 Bad Honnef
E-Mail redaktion@ndv.info
Telefon: 02224 3232
Datenbank www.kuerschner.info

Inhalt

Medientraining, das Buch, die Autorin, das Training

Das Buch

Es wurde von Juliane Hielscher in „einem Rutsch“ geschrieben, klar in 15 Kapitel aufgeteilt, einfach und prägnant formuliert. Die Idee war und ist, mit besonderem Blick auf die Politikkommunikation Grundwissen für den Medienauftritt zu vermitteln, Theorie und Praxis zu erläutern, Tipps und Erfahrungen weiterzugeben. Wer es gelesen hat, nimmt Manches mit.

Das Buch möchte Sie darüber hinaus sensibilisieren, ja geradezu auffordern für sich selbst oder Ihr Team zu überlegen, ein praktisches Medientraining zu absolvieren, um entweder für den Fall der Fälle vorbereitet zu sein oder aber eigene Erfahrungen zu vertiefen. **Die Autorin** ist Mitglied des Bundesverbands der Medientrainer Deutschlands und steht für ein professionelles Medientraining sehr gerne zur Verfügung.

Das Training

Hinter dem Wunsch nach öffentlicher Darstellung steht oft die Absicht, das eigene Unternehmen, ein Produkt, eine Meinung unters Volk zu bringen. Doch einen gelungenen Medienauftritt hinzulegen ist gar nicht so einfach. Das sehen Sie selbst täglich in Talkshows, Reportagen und Interviews. Steht der Journalist mit Mikro oder Kamera vor der Tür, oder sind Sie zu einem Studiogespräch eingeladen, kann leider ziemlich viel, ziemlich schnell und ziemlich dramatisch schiefgehen.

- Wie verpacke ich meine Kernbotschaften?
- Was antworte ich auf unerwartete Fragen?
- Spreche ich eigentlich deutlich und verständlich?
- Wohin mit meinen Händen?
- Wie wirke ich locker und souverän?
- Und der wichtigste Punkt: Komme ich glaubwürdig und sympathisch an?

Der öffentliche Auftritt ist für jeden Menschen eine Herausforderung. Es kann Einiges zusammenkommen, was Sie ganz schön aus dem Konzept geraten lässt: der technische Apparat der Medien, selbstbewusste und geschulte Interviewer, Zeitdruck, Lampenfieber. Bei allem gilt: Es ist zwar noch kein Meister vom Himmel gefallen, aber viele sind durch Übung zum Meister geworden.

Eine gründliche inhaltliche Vorbereitung, Kenntnisse über journalistische Herangehensweise und Trockenübungen mit Statements, Vorträgen und Interviews sind eine wertvolle Hilfe.

Juliane Hielscher bietet Ihnen Professionelle Unterstützung an. Die Autorin ist IHK-zertifizierte Trainerin und systemischer Business Coach nach ECA. Sie profitieren von den Erfahrungen der Autorin aus 25 Jahren journalistischer Tätigkeit mit über 2.000 Livesendungen und hunderten Bühnenveranstaltungen. Nutzen Sie dieses Wissen für sich und Ihr Team.

Weitere Informationen und Links zur Kontaktaufnahme finden Sie unter juliane-hielscher.de oder kürschners.de

Nun wünschen wir Ihnen eine interessante Lektüre!

Kürschners Politikkontakte
Berlin, Dezember 2015

Dieses Buch schreibe ich für alle,

die sich mit ihrem eigenen Auftritt in den Medien beschäftigen oder ihre Kollegen und Vorgesetzten auf einen solchen vorbereiten.

Medien bieten die Chance, sich selbst, die eigenen Überzeugungen und Ideen und manchmal auch Kompetenzen oder Produkte und Leistungen zu präsentieren. Via Medien erreichen Sie sehr viele Menschen. Sie können diese Gelegenheit nutzen oder vermasseln. Sie erhalten das Wort und könnten dabei Ihr Gesicht verlieren.

Wir alle kommunizieren täglich. Von der Art, wie unsere Gespräche verlaufen, hängt ein großer Teil unseres Gelingens ab – das gilt für Privat- wie Berufsleben gleichermaßen. Wir alle können sprechen, uns unterhalten, argumentieren, streiten. Manchmal fallen dabei Worte, Aussagen oder Bemerkungen, die wir lieber nicht gesagt hätten. Im direkten Gespräch lässt sich vieles wieder geraderücken. In den Medien sieht die Sache schwieriger aus. Gesagt ist gesagt, gedruckt, gesendet, archiviert und der Öffentlichkeit jederzeit zugänglich. Das ist der eine Grund, weshalb sich inzwischen immer mehr Politiker, CEOs und Verbandsfunktionäre auf Interviews vorbereiten lassen. Aber es gibt noch einen weiteren. Es ist schließlich etwas gänzlich anderes, vor Mitarbeitern, fachlich Gleichgesinnten, Kunden oder Wählern zu sprechen. In dieser Rolle haben Sie vermutlich schon etliche Erfahrungen gesammelt.

Das Gespräch mit Pressevertretern folgt jedoch eigenen Regeln. Sie wissen vorab nicht genau, was man von Ihnen will. Ob man Ihnen gegenüber skeptisch oder wohlgesonnen eingestellt ist. Und Sie haben relativ wenig Einfluss darauf, in welchem Zusammenhang Sie zitiert werden. Ein Mikrofon unter der Nase, Zeitdruck, provokante Fragen und die Hightech-Atmosphäre eines Fernsehstudios haben schon manch gestandenen Manager ins Stammeln gebracht. Nervosität entsteht immer dann, wenn wir uns auf unbekanntem Terrain unsicher fühlen. Eine wirkungsvolle Maßnahme dagegen ist eine gute Vorbereitung! Wer genau weiß, was er wie sagen will, und sich mit der Arbeitsweise der Presse vertraut gemacht hat, kann dem nächsten Interview selbstbewusst und entspannt entgegensehen.

Dieses Buch können Sie chronologisch von A–Z lesen. Wenn Sie aber an bestimmten Fragen interessiert sind, finden Sie in jedem Kapitel abgeschlossene Informationseinheiten. Auf vertiefende Inhalte zu anderen Fragen wird jeweils gesondert hingewiesen.

Die folgenden Kapitel bieten Ihnen eine Fülle von Erläuterungen und Informationen. Ein echtes Live-Training, ein persönliches Medientraining ersetzen sie jedoch nicht. Theoretisches Wissen und praktische Anleitungen sind zwar die Grundvoraussetzungen, doch messbarer Erfolg kann nur durch eigenes Trainieren garantiert werden. Wie in jeder Kunst fallen auch die Medienmeister nur selten vom Himmel. Medientraining lässt sich anschaulich mit Tanzunterricht vergleichen. Wir alle wissen, wie beeindruckend es aussieht, wenn ein Paar leichtfüßig und elegant über das Parkett gleitet. Vielleicht beherrschen Sie sogar noch aus der Tanzstunde einige Schrittfolgen von Walzer und Bossa Nova. Für einen beneidenswert schwebenden Auftritt auf dem nächsten Bundespresseball reicht das aber vermutlich nicht aus.

Manches von dem, was Sie in diesem Buch finden, mag Ihnen wie Binsenweisheiten vorkommen. Umso besser. Dadurch wird es Ihnen leichter fallen, die theoretischen Tipps in die Praxis umzusetzen. In erster Linie geht es darum, Ihr Bewusstsein zu schärfen, für die eigenen Ausdrucksmöglichkeiten, die Ausdruckswerkzeuge und die unterschiedliche Wirkung die Sie damit erzielen können. Es gibt nicht den einen richtigen Königsweg zum perfekten Auftritt in der Öffentlichkeit. Der Eindruck, den Ihre Medienpräsenz hinterlässt, ist abhängig davon, wie Sie agieren und was Sie auf welche Weise sagen. Wenn wir via Journalisten mit der Welt kommunizieren, wissen wir nicht, wer der Leser, Zuschauer oder Hörer ist. Die Situation dieser Rezipienten ist unbekannt. Von ihren Sorgen, Nöten, Erfahrungen, Gefühlen und Einstellungen werden wir meist nichts erfahren. Nur die Wenigsten schreiben Leserbriefe oder nutzen die Kommentarfunktion, die viele Internetseiten inzwischen anbieten. Meist erhalten wir kein individuelles Feedback. Und selbst wenn, können wir den Eindruck, den wir erweckt haben, im Nachhinein schwerlich ändern.

Deshalb lautet der elementarste Rat, den ich geben kann:
Seien Sie sich stets darüber bewusst, was Sie und wie Sie etwas mit einem Medienvertreter besprechen.

Nur so können Sie die unangenehme Überraschung vermeiden, dass sich die Wahrnehmung der Öffentlichkeit gänzlich von dem Bild unterscheidet, das Sie selbst von sich haben. Unbefangenes Plaudern birgt etliche Gefahren. Mit ein wenig Übung und einem sorgsamen Umgang mit Pressevertretern lassen sich die Risiken allerdings erheblich mindern.

Denn wir alle sind ja gerne auch mal ein wenig einfältig. Unsere Gehirne folgen evolutionär vorgeprägten Mustern. Der Hang zu Vorurteilen gehört dazu. Jemand der groß und attraktiv ist, suggeriert uns leicht, dass er auch kompetent ist. Eine volle und tiefe Stimme verspricht uns eine selbstsichere, vertrauenswürdige Person. Zeit zum Überprüfen dieser Eindrücke nehmen wir uns selten. Der Umstand, dass wir alle zu solchen Einschätzungen neigen, birgt viele Nachteile, aber natürlich auch einen Vorteil. Wenn wir einen guten Eindruck machen, gut rüberkommen, dann gewinnen wir an Glaubwürdigkeit. Ausdrücklich möchte ich betonen, dass es nicht um Manipulation geht! Niemand lässt sich gern etwas vormachen und beim Thema Authentizität reagieren die meisten Menschen sehr sensibel. Deshalb gilt bei allem, was Sie aus diesem Buch für Ihren Medienauftritt lernen: Bleiben Sie immer Sie selbst. Und geizen Sie nicht mit Ihren guten und starken Seiten. Denn Sie wissen ja, was der Volksmund sagt:

Für den ersten Eindruck gibt es keine zweite Chance.

Ihre
Juliane Hielscher

1. Kapitel

Berichten „die Medien“ die Wahrheit über die Wirklichkeit?

Nicht ja, nicht nein, nicht jein!

Für jeden, der verstehen möchte, wie er in der medialen Öffentlichkeit wirkt und wie man selbst die Wirkung maßgeblich beeinflussen kann, sind einige Auskünfte zu dem Stichwort „Neuronale Informationsverarbeitung“ hilfreich. Denn alles was wir durch die Presse erfahren, schnappen wir mit unseren fünf Sinnen auf, gerade so wie im richtigen Leben.

Seit vielen Jahrhunderten schon quälen sich Philosophen aller Herren Länder mit dieser nicht fassbaren Wirklichkeit. Bislang ist ihr niemand auf die Schliche gekommen. Jüngst hat die fortschrittliche Neurobiologie der Wirklichkeit kurzerhand den Garaus beschert. Anhänger des sogenannten Konstruktivismus hatten sich bereits vor Jahrzehnten von der Realität verabschiedet. Ade Wirklichkeit, dich gibt es nicht, hat es nie gegeben und wird es nie geben. Die sich rasant entwickelnden digitalen Medien mit all ihren virtuellen Welten, Gleichzeitigkeiten und viralen Verknüpfungen sind mit Sicherheit kein probates Mittel, um ein letztes Zipfelchen von Wirklichkeit zu retten. Doch dank der Neurobiologie wissen wir vorerst, wie der Hase läuft. Sie bietet Erkenntnisse, die uns eine neue Sicht der Dinge ermöglicht. Natürlich nur so lange, bis uns andere Wissenschaftler plausiblere Erklärungen anbieten. Bis dahin geht das mit der Wirklichkeit so: Jeder Mensch hat seine eigene. Es existiert nichts objektiv Vergleichbares. Wir nehmen die Welt mit unseren Sinnesorganen wahr. Augen, Nase, Ohren, Mund und der Tastsinn stehen dafür zur Verfügung. Schon gibt es so genannte Cyberanzüge, die Körpergefühle simulieren. Auch mit Geruchs- und Bewegungskino wird seit der Jahrtausendwende experimentiert. Vor allem in Asien ist das Interesse an zusätzlichen Sinneseindrücken bei der medialen Informationsvermittlung groß.

Doch keine der Methoden ist marktfähig. Deshalb gelten die Geruchsmedien größtenteils als unrealistische Spielerei. Trotzdem hat der Medienkonsument auch haptische Eindrücke. Sie können beispielsweise die Druckerschwärze Ihrer Zeitung riechen und auch das Papier in den Händen fühlen. Sie könnten sie sogar essen. Doch selbst wenn sie Ihnen schmecken sollte, erlangen Sie weniger Erkenntnisse über die Welt, als wenn Sie das Gedruckte darin lesen. Zur Vorbereitung des Medientrainings konzentrieren wir uns deshalb auf das Sehen und das Hören.

Das Auge selber sieht keine Bilder. Das Ohr hört keine Töne. Beide sind, wie alle anderen Sinnesorgane auch, nur dafür entwickelt, dass sie Signale aufnehmen können. Im Fall der Medienkommunikation visuelle und akustische Signale. Diese werden in eine Art Code übersetzt und durch neuronale Verbindungen an das Gehirn geschickt. Das ist schon der ganze Job der Sinnesorgane. Die neuronalen Codes sind übrigens neutral und sogar bei allen Sinnesorganen gleich. Das Gehirn arbeitet wie eine Art elektrochemischer Apparat, der die Welt selbst nicht wahrnehmen kann. Aber es kann diese Codes wie eine Sprache verstehen, sie identifizieren, interpretieren und einem Sinnesorgan zuordnen. Aus Millionen von Informationen zimmert es sich dann eine Vorstellung der Wirklichkeit zusammen. Wir glauben dann, dass die Welt tatsächlich objektiv so ist. Aber das ist wohl ein Trugschluss. Denn das wichtigste Hilfsmittel beim Zuordnen und Verstehen der Codes ist unser Gedächtnis. Erst das Gedächtnis stiftet den Sinn, nachdem jedes Signal mit vorherigen Informationen verglichen und verknüpft worden ist. So nehmen wir alle die Wirklichkeit ganz unterschiedlich wahr. Denn in jedem Kopf sind individuelle Kombinationen von Vorerfahrungen abgespeichert. Geschlecht, Alter, Herkunft, Bildung, Gesundheitszustand, körperliche Eigenarten, familiäre Traditionen und alle Erlebnisse eines Menschen beeinflussen jeweils, wie ein Wahrnehmungssignal vom Gehirn verstanden und interpretiert wird. Und davon hängt es ab, welche Gedanken und Gefühle unser Kopf daraus bastelt.

Wahrnehmen und Verstehen ist also ein hochkomplizierter Vorgang. Wir „denken“ uns die Welt demnach eher aus einer Vielzahl von Faktoren zusammen. Ob sie wirklich so ist, wie sie uns erscheint, bleibt weiterhin die Lieblingsfrage der Philosophen. Wenn man all dies berücksichtigt, kann man von den Medienmachern nicht ernsthaft erwarten, dass sie uns die Wahrheit über die Wirklichkeit berichten – selbst wenn sie sich um eine objektiv richtige Berichterstattung bemühen.

Fast alle Journalisten wissen um die Macht der Bilder. Das Verständnis von Informationen hängt nämlich ausgesprochen stark von ihrer Visualisierung ab. Der britische Sozialpsychologe Michael Argyle fand schon im vergangenen Jahrhundert heraus, wie das Zusammenspiel von Wahrnehmung und Verstehen funktioniert. In einer Studie untersuchte er den Wirkungsgrad von sinnlichen Reizen bei sprechenden Menschen. Das Ergebnis ist beeindruckend: Die Wirkung hängt zu ca. 93 % von den nonverbalen Verhaltensweisen ab. Wenn wir einem Menschen zuhören, unterscheidet unser Gehirn nicht zwischen einer realen Begegnung und einer virtuellen. Ein Fernsehinterview wird auf die gleiche Weise verarbeitet wie ein persönliches Gespräch im direkten Kontakt.

Es ist so wichtig, in den Medien gute Gefühle zu erzeugen.

Eine gängige These lautet: Zu ungefähr 55 % ist unser Gehirn mit dem beschäftigt, was wir mit unseren Augen sehen. Gestalt, Körperhaltung, Kleidung, Aussehen, Blick sowie Mimik und Gestik werden erfasst und verarbeitet. Zu etwa 38 % interessiert sich unser Gehirn für die akustischen Signale, die unsere Ohren empfangen. Die Art des Sprechens, die Tonlage, der Tonfall, Tempo und Stimmqualität werden registriert und bewertet. Und dann bleibt beim Zuhören noch ein kleiner Rest von ca. 7 % Aufmerksamkeit übrig, den unser Kopf den Inhalten widmet.

Ob Sie das beruhigend oder erschreckend finden, müssen Sie selbst entscheiden. Jedenfalls bildet das menschliche Gehirn mit ungefähr dieser Gewichtung ein Urteil über den Gesprächspartner. Dabei kann sich unser Gehirn schnell langweilen. Eine monotone Sprechweise oder ein ausdrucksarmes Gesicht wirken einschläfernd. Um bei der Flut von Interviews, die täglich im TV oder im Internet zu sehen sind, nicht unterzugehen, bedarf es also einer gewissen Signalwirkung. Gleiches gilt für jedes Gespräch. Folglich auch für Interviews mit dem Zeitungsreporter, die nicht aufgezeichnet und gesendet werden. Denn auch die Gehirne von Journalisten verarbeiten Wahrnehmungssignale wie oben beschrieben.

Die Eindrücke, die Sie verbal und vor allem nonverbal beim Journalisten hinterlassen, werden mit Sicherheit beeinflussen, wie er über Sie berichtet. Denn bei allem Bemühen um Objektivität und Neutralität bleiben Journalisten Menschen, die sich von diesem Mechanismus ihres Oberstübchens nicht befreien können. Wir Menschen tragen alle zu fast 99,9% den gleichen genetischen Code in uns. Reizaufnahme und Verarbeitung funktionieren deshalb bei uns allen nahezu identisch. Auch die Schlüsse, die unser Gehirn aus den Signalen zieht, ähneln sich. Nur deshalb ist es möglich, dass Menschen einander überhaupt verstehen. Dass wir zu ähnlichen Einschätzungen und Meinungen gelangen.

Nur beim Gewichten, Bewerten und Interpretieren von Signalen arbeitet jedes Gehirn individuell. Denn hier kommen die gesamte Erfahrungswelt eines jeden, die Bildung und auch die jeweilige momentane Verfassung ins Spiel. Hier geht es um Gefühle. Deshalb können wir Kommunikation heute nicht mehr ohne die dazugehörigen Emotionen betrachten. Das gilt insbesondere für Medienkommunikation, weil Bilder und Schlagworte hier einen besonderen Platz einnehmen.

Konzentrieren Sie sich beim nächsten Nachrichtenschauen im Fernsehen auf Ihre Empfindungen. Sie „mögen" bestimmte Moderatoren, andere „mögen" Sie nicht. Ihnen „gefallen" einige Gesichter oder Stimmen. Sie „finden" einen Politiker glaubwürdig oder eben nicht. Sie haben „Lust" weiterzuschauen oder Sie können jemanden „nicht aushalten".

Das alles sind Ausdrücke von emotionalen Reaktionen – produziert von Ihrem Gehirn. Der tatsächliche Wahrheitsgehalt einer Aussage und die Vertrauenswürdigkeit eines Sprechers sind damit weder bewiesen noch widerlegt. Es handelt sich lediglich um Bewertungen, die sich in Form von Gefühlen äußern. Wir alle nehmen diese Bewertungen ständig vor. Natürlich werden auch wir selbst regelmäßig auf diese Weise emotional beurteilt. Der Zeitungsreporter kann sich davon während seines Interviews mit Ihnen genauso wenig freimachen wie Sie.

Aus diesem Grund ist es so wichtig, in den Medien gute Gefühle zu erzeugen. „Gut“ meint hier ausdrücklich nicht das Vortäuschen falscher positiver Tatsachen. „Gut“ im Sinne eines „guten Eindrucks“ bezieht sich auf Eigenschaften wie Glaubwürdigkeit, Sympathie und Kompetenz. Wer es schafft, der Medienöffentlichkeit diese Facetten von sich zu zeigen, wird positiv wahrgenommen und genießt öffentliche Akzeptanz.

Forschungsergebnisse der angewandten positiven Psychologie zeigen übrigens, dass der Effekt eines negativen Auftritts oder einer einzigen negativen Zeitungsmeldung dermaßen stark ist, dass mehrere positive Meldungen nötig sind, um beim Zuschauer oder Leser wieder eine ausgeglichene Bewertung herzustellen. Andersherum geht es viel schneller. Evolutionsbedingt ist das menschliche Gehirn eher bereit, Negatives zu glauben, trotz einer positiven Vorerfahrung. Dieses eingefleischte Misstrauen hat unseren Vorfahren in unzivilisierten Zeiten das Überleben garantiert. Heute ist diese übergroße Vorsicht glücklicherweise nicht mehr in jeder Situation erforderlich. Aber unser Reaktionsmuster hinkt der Entwicklung der Welt ein wenig hinterher. Ein Grund mehr, sich angemessen zu verhalten, im richtigen Leben wie in der medialen Öffentlichkeit. Und ein Grund, sich mit den Kapiteln 12 und 13 über Stimme und Körpersprache zu befassen.

→ KAPITEL 12, Seite 99
→ KAPITEL 13, Seite 105

2. Kapitel

Wer sind eigentlich „die Medien“?

Gute Frage! Schwierige Antwort!

Deutschlands Medienlandschaft ist einzigartig, vielfältig und abwechslungsreich. Sie bietet jede Menge Möglichkeiten, selbst irgendwo in den Medien aufzutauchen – aber damit auch jede Menge Gelegenheiten, sich um Kopf und Kragen zu reden.

Damit einmal klar ist, worüber wir sprechen: Schätzungsweise 70.000 Journalisten arbeiten hierzulande. Sie schreiben für ungefähr 330 Tageszeitungen mit rund 1.600 lokalen Ausgaben und 20 Wochenzeitungen. Zum Markt gehören außerdem mindestens 1.500 Zeitschriften und – man staune – ca. 3.800 Fachzeitschriften. In Deutschland buhlen an die 530 Radiostationen um die Gunst der Hörer, an die 400 Fernsehprogramme lassen sich von unseren Fernbedienungen aus anwählen. Und überall werden spannende Geschichten mit interessanten Persönlichkeiten gesucht. Denn davon lebt die Branche.

Zur Medienvielfalt gehören auch die großen und kleinen Nachrichtenagenturen und Informationsdienste überall auf der Welt, die ihre Inhalte in Wort, Bild, Ton und Video für die unterschiedlichsten Nutzungsarten anbieten. Die Deutsche Presseagentur dpa, reuter, der Evangelische Pressedienst epd und SID, der Sportinformationsdienst sind unverzichtbare Quellen der Redaktionen, nur um einige zu nennen.

Komplett unübersichtlich wird es schließlich im Internet. Ungezählt und nicht zählbar die zusätzlichen Webseiten der klassischen Medien, Internetzeitungen, Internetradiokanäle, Internet-TV-Sender, die on demand, also bei Bedarf, abrufbar sind, Info-Portale und Publikationswege wie Twitter und all die Blogs, die in und aus der Mode kommen. Diese neuen digitalen Plattformen bieten dem Journalismus auch neue Möglichkeiten. Auf audiovisuelle Informationseinheiten trifft man überall im Netz. Dabei nimmt die Interaktion mit den „Usern“, den Mediennutzern, zu. Über Kommentarfunktionen können journalistische Beiträge nicht nur kommentiert, sondern auch bewertet, ergänzt, hinterfragt werden. Auf diese Weise ergeben sich zuweilen ganz neue Informationswellen. Diese sind allseits und jederzeit abrufbar und auf ewig gespeichert. Durch Verweise, Empfehlungen und intelligente Verknüpfungen finden im neuen Mediennetz viele Nachrichten von allein zum Empfänger. Dadurch ändert sich auch automatisch unser Verhalten als Medienkonsumenten. Wir müssen uns nicht länger gezielt auf die Suche nach Informationen begeben. Sie umschwirren uns nahezu permanent. Nutzer erliegen dadurch schnell der Versuchung, ausschließlich das leicht zugängliche Angebot für wichtig zu erachten. Auch die Quellen von Informationen und damit die journalistische Qualität werden häufig kritiklos akzeptiert. Die Trennlinie zwischen medienvermittelter Kommunikation und dem unmittelbaren persönlichen Informationsaustausch ist seit Beginn des Web 2.0 nahezu aufgehoben. Einseitige Massenkommunikation von Presse zu Pressekunden wird durch die interaktive Kommunikation ergänzt und oft ersetzt.

„Die Medien" sind niemand.

Wer sind also „die Medien"? Die Antwort ist einfach und kompliziert zugleich. „Die Medien" sind niemand. Dahinter stecken Menschen, Journalisten, Redakteure, Autoren, Moderatoren, Reporter und viele mehr. Es gibt unzählige Berufsgruppen, die für „die Medien" arbeiten. Im besten Fall kann man behaupten, „die Medien" sind der Sammelbegriff für alle diese publizistisch arbeitenden Menschen. Dazu gehören auch Verleger, Drucker, Fotografen, Kameraleute, Techniker aller Art und viele mehr. Und sie alle denken, arbeiten und empfinden so unterschiedlich, wie es nun mal in der Natur eines jeden Einzelnen liegt.

Wer also mit „den Medien" Kontakt hat, trifft folglich in erster Linie auf einen individuellen Menschen, dessen Arbeit von eigenen Meinungen und persönlicher Erfahrung geprägt ist. Sich dieser Tatsache bewusst zu werden, hilft dabei, ohne falsche Erwartungen und ohne Vorurteile in Kontakt mit „den Medien" zu treten.

Wenn Unternehmer, Politiker, Verbandsvorsitzende, Akademiker, Experten unterschiedlichster Fachgebiete, aber auch normale durchschnittliche Menschen Kontakt mit „den Medien" bekommen, ist ihr Ansprechpartner zumeist ein ausgebildeter Journalist oder eine Journalistin. Aus Gründen der besseren Lesbarkeit wird in den folgenden Kapiteln das generische Maskulinum verwendet. Kolleginnen aller Medienbereiche mögen sich von dieser Formulierung achtungsvoll eingeschlossen fühlen.

3. Kapitel

„Die Medien“ – Freund oder Feind?

Keines von beidem!

Die Aufgabe von Journalisten ist es zu berichten. Und das möglichst informativ und neutral. Kritisches Nachfragen ist ihnen eine selbstverständliche Pflicht. Ebenso wie einen Sachverhalt aus unterschiedlichen Blickwinkeln zu betrachten. Wie sonst wäre eine weitgehend objektive und ausgewogene Darstellung denkbar?

In Demokratien sollen die Medien das Volk informieren und durch Kritik und Diskussion zur allgemeinen Meinungsbildung beitragen. Häufig wird deshalb auch von der 4. Macht oder der 4. Gewalt im Staat gesprochen. Im Pressekodex verpflichten sich Journalisten, alle gesellschaftlichen Prozesse mit wachsamen Augen kritisch zu beobachten. Als Mediennutzer, also als Zeitungsleser oder Fernsehzuschauer, finden wir gerade diese Betrachtungsweise angemessen.

Wenn wir allerdings mit demselben kritischen Blick gesehen werden und sich dieser in der Berichterstattung widerspiegelt, reagieren wir möglicherweise empört und fühlen uns falsch beschrieben. Dabei empfinden wir uns genau genommen „als Opfer“ der gleichen journalistischen Arbeitsweise, die wir in anderen Fällen ausdrücklich erwarten. Ein prominentes „Opfer“ ist beispielsweise der ehemalige Bundesverteidigungsminister Karl Theodor zu Guttenberg. Stets hatte er sich erfolgreich medienwirksam inszeniert, bis er sich nach der Entdeckung des erschummelten Doktortitels aus dem Amt geschrieben fühlte.

Bei jedem Medienkontakt ist es hilfreich, diesen Mechanismus zu bedenken. Nur weil Sie einen guten Draht zu einem Journalisten haben, dürfen Sie nicht erwarten, dass er ausschließlich in Ihrem Sinne berichtet. Denn damit hätte er seinen Arbeitsauftrag nicht professionell erledigt.

Journalisten sind eben auch Dealer. Sie geben ihren Kunden das, wonach diese suchen. Und das sind nicht ausschließlich objektive

Informationen. Gewünscht sind genauso Einblicke in die Abgründe der menschlichen Seele, Berichte von dramatischen Lebensumständen und Sensationen jeglicher Art. Gewünscht sind dabei auch negative oder traurige Meldungen. Wer jeden Abend in den Nachrichten von einem sicher gelandeten Flugzeug hört, würde sehr bald nicht mehr einschalten. Dem Absturz mit Verletzten und Toten wird dagegen erhöhte Aufmerksamkeit geschenkt. Wir Menschen haben offenbar ein tiefsitzendes Interesse an Leid. Ob aus Mitgefühl oder Sensationslust – wer will das beurteilen. Dennoch wird oft auf die Medien geschimpft. Ständig wühlten Journalisten im Dreck und beförderten Negatives ans Licht, so der gängige Vorwurf. Dabei wird gern übersehen, dass es nicht die Journalisten sind, die existierende Missstände zu verantworten haben.

Journalisten sind eben auch Dealer.

In den Planungsredaktionen wählen die Verantwortlichen Themen aus, bewerten sie und ordnen sie in den Nachrichtentag ein. Manchmal werden hier auch Themen „gemacht“. Lange bevor die Medien beispielsweise über Mobbing berichtet haben, gab es zwar mit Sicherheit schon Probleme am Arbeitsplatz. Aber der Faktor einer psychischen Erkrankung durch Mobbing gelangte erst durch die Berichterstattung ins öffentliche Bewusstsein.

Doch aus welcher Quelle auch immer eine Geschichte kommt, bevor sie publiziert wird, klopfen die Journalisten sie auf verschiedene Gesichtspunkte hin ab und prüfen die Fakten. Der Berichtsgegenstand sollte möglichst wie folgt sein:

- aktuell,
- von allgemeinem Interesse,
- nachvollziehbar,
- Missstände aufzeigend,
- auf Verbesserungen hinweisend,
- menschlich,
- lehrreich,
- unterhaltsam.

Dies sind die wichtigsten Faktoren, die dazu führen, die Aufmerksamkeit der Medien für ein Thema oder eine Person zu wecken.

Ist dies gelungen, garantiert ein erster Schritt in die Öffentlichkeit natürlich nicht automatisch, dass der Auftritt oder das Interview von der breiten Masse auch positiv aufgenommen wird. Es gilt etliche Stolperfallen zu umgehen. Schon individuelle Besonderheiten einer Person können ein Grund dafür sein, dass diese einen negativen Eindruck hinterlässt. Viele Menschen sind bei ersten Medienkontakten verunsichert. Der Eine stottert, der Nächste tritt extra forsch auf. Und die meisten stellen in dieser ungewohnten Situation plötzlich fest, dass sie ganz anders reagieren als im Alltag.

Stärken stärken, Schwächen schwächen.

Der erste Eindruck ist prägend. Das gilt nicht nur für die Wirkung bei den Mediennutzern, sondern gleichermaßen auch für das Verhältnis zum Journalisten. Deshalb ist es so wichtig, gleich beim ersten Kontakt möglichst viel von dem zu zeigen, was man zu bieten hat. Erkenntnisse aus Psychologie und Verhaltensforschung helfen bei der Selbsteinschätzung und beim Umgang mit solchen Erstunsicherheiten.

Das Motto dazu im Medientraining lautet:
Stärken stärken und Schwächen schwächen.

Es gibt Menschen, die wünschen sich mediale Aufmerksamkeit. Andere haben Angst davor. Zwei klassische Beispiele zu jeder der beiden Varianten folgen auf den nächsten Seiten:

Ich will in „die Medien“

A: Unternehmer XY hat ein neues, wirklich ungewöhnliches Produkt. Leider verkauft es sich nicht gut. XY wünscht sich, dass die Medien über das Produkt berichten. Deshalb wendet er sich eigeninitiativ an die Presse.

Vorsicht: Journalisten lassen sich nicht gern als Marketinginstrument missbrauchen! Im schlimmsten Fall wird nach einer Recherche (wenn es denn überhaupt dazu kommt) nicht über das neue Produkt berichtet, sondern über die mangelhafte Ausstattung der Sozialräume der Mitarbeiter.

B: Ein Verein sammelt Spenden für sozial schwache Kinder im Nachbarstadtteil. Die ehrenamtlichen Mitarbeiter wünschen sich dafür mediale Aufmerksamkeit, weil die Not der Betroffenen wirklich groß ist und mehr Menschen davon wissen sollten, um ebenfalls zu helfen.

Vorsicht: Ja, die engagierten Menschen haben recht. Doch jeder dritte Deutsche ist ehrenamtlich tätig. Die Medien wählen sehr genau nach Relevanz aus. Das dauerhafte Anklopfen an die Redaktionstüren kostet viel Arbeit und kann frustrierend enden. Die Energie wäre möglicherweise in der eigentlichen Nachbarschaftshilfe besser eingesetzt. Wer glaubt, dass die eigene Arbeit zwingend auf mediale Aufmerksamkeit angewiesen ist und diese aktiv sucht, sollte sich dafür einen Profi leisten. Eine PR-Abteilung, einen Kommunikationsexperten, eine Agentur. Für kleinere Unternehmen oder Betriebe gilt: Medienkommunikation ist Chefsache. Ohne den Segen von Oben sollte nicht jeder Mitarbeiter selbst formulierte Informationen an die Presse leiten.

Ich will auf keinen Fall in „die Medien"

A: Unternehmer XY hat ein Problem: Sein verantwortlicher Techniker, der die Wartungsarbeiten an der Abwasseranlage vernachlässigt hat, fällt als Alkoholiker auf. Das Gesundheitsamt hat eine Verseuchung des Firmengeländes festgestellt. Als ein Journalist anruft, lässt sich der Unternehmer verleugnen.

Vorsicht: Eine schnelle offene Kommunikation auch über Mängel und das sofortige Versprechen, diese zu beheben (was dann natürlich auch umgehend geschehen sollte), wird von Medien und der Öffentlichkeit schneller verziehen als Verleugnung, Geheimnistuerei und Salamitaktik. Mit so einem Verhalten würde sich XY ein weiteres, vermutlich sogar gravierenderes Problem einhandeln.

B: In dem Verein, der Spenden für die sozial schwachen Kinder im Nachbarstadtteil sammelt, sind kleinere Geldbeträge verschwunden. In der Buchhaltung ist nicht nachvollziehbar, was passiert ist. Auf Nachfrage eines Journalisten reagiert die Vereinsvorsitzende ungehalten. Schließlich verbringt sie ihr halbes Leben ehrenamtlich im Einsatz für Dritte und hat sich nichts zuschulden kommen lassen.

Vorsicht: Die Vereinsvorsitzende ist dennoch verantwortlich für das, was mit den Geldern geschieht. Wenn Journalisten in so einem Fall keine oder nur ungenügende Auskünfte erhalten, wittern sie schnell Veruntreuung oder Amtsmissbrauch. Und darüber berichten sie auch. Selbst wenn sich dies später widerlegen lässt, wird bei vielen Menschen, die von diesem Fall gelesen oder gehört haben, ein schlechter Nachgeschmack haften bleiben. Heide Simonis und UNICEF haben in einem ähnlichen Fall für Schlagzeilen gesorgt.

Wer in der Krise untertaucht, geht am Ende selbst unter. Beste Voraussetzung für ein partnerschaftliches faires Verhältnis auf Augenhöhe ist Vertrauen. Das gilt auch für Kontakte zu Medienvertretern. Deshalb kann es sich durchaus lohnen, zunächst selber zu recherchieren, wer von der Lokal- oder Fachpresse für die eigenen Themen zuständig ist. Den Aufbau von professionellen Kontakten sollten Sie einem dafür ausgebildeten Pressereferenten überlassen. Aber zu wissen, wer die Akteure sind, und mit ihnen unabhängig von einer Anfrage aktiv das Gespräch zu suchen, kann eine gute Basis für ein gelungenes Interview zu einem späteren Zeitpunkt sein. Journalisten sind an solchen Gesprächen durchaus interessiert. Schließlich lebt ihr Handwerk von Hintergrundwissen, einem persönlichen Informationsnetzwerk und einer gut gefüllten Kontaktdatei mit Ansprechpartnern und Telefonnummern.

4. Kapitel

Wie arbeiten „die Medien"?

Knallhart!

Aufgabe von Journalisten ist es, der Öffentlichkeit, also jedermann, Informationen zugänglich zu machen. Berichtet wird über das gesamte Spektrum, das unsere Welt zu bieten hat. Weltpolitik oder Kaninchenzüchterverein, Ergebnisse aus Wissenschaft und Forschung, Sport, Kultur, Wirtschaft, Gesundheit – alles, was Menschen beschäftigt und ihr Leben mittel- oder unmittelbar betrifft.

Geprägt ist die Berichterstattung dabei stets von der elementaren Erkenntnis: Nichts interessiert den Menschen so sehr wie der Mensch, mit all seinen Facetten, Handlungsspielräumen, seelischen Verstrickungen, Gedanken, Erfahrungen, Meinungen und Missetaten.

„Hat er jetzt oder hat er nicht?" Wie oft stellen wir uns diese Frage? Unsere menschliche Neugier will befriedigt werden.

Saß im Februar 2010 neben der damaligen Ratsvorsitzenden der Evangelischen Kirche, Margot Käßmann, ein ehemaliger Spitzenpolitiker, als sie alkoholisiert über eine rote Ampel fuhr?

Hatte der frühere Ministerpräsident von Schleswig-Holstein, Uwe Barschel, die Verleumdungskampagne gegen seinen Konkurrenten Björn Engholm 1987 initiiert?

Woher hatte Bayern Münchens Ex-Präsident Uli Hoeneß das viele Geld für die fatalen Spekulationen, deren Erträge er fleißig am Fiskus vorbei gesammelt hat?

Das alles sind Fragen, an denen die Öffentlichkeit brennend interessiert ist. Berufliche Fragen an die Protagonisten stehen häufig im Schatten des Interesses an der jeweiligen Person. Peoplemagazine jeglicher Art leben ausschließlich davon. Aber nicht allein die oft kritisierten Boulevardmedien sind solchen menschlichen Geschichten auf der Spur. Selbst angesehene Tageszeitungen oder

Fernsehnachrichten machen aus dem Privatleben Prominenter zunehmend und gerne Schlagzeilen.

Um das Leben und die Arbeit von Medienleuten ranken sich etliche Mythen. Der Beruf eines Journalisten ist (meistens) interessant und kann Spaß machen. Richtig schillernd ist er allerdings nicht.

Die meisten Medienvertreter arbeiten hart und vor allem die stetig wachsende Zahl an Freiberuflern muss sich mit geringen Honoraren zufriedengeben. Reich werden nur einige wenige Ausnahmetalente. Allen gemeinsam – und wichtig zu wissen – ist, dass sie unter ständigem Konkurrenzdruck stehen.

Schafft es die eigene Geschichte auf Seite 1 oder überhaupt ins Blatt? Bekomme ich das Interview mit dem Bundesminister oder spricht er mit einer Kollegin aus einer anderen Redaktion? Schneide ich bei der Blatt- oder Sendekritik in den Augen des Chefredakteurs gut ab? Kann mein Bericht zu einer besseren Quote oder zur Auflagensteigerung beitragen?

All diese Fragen begleiten die Medienmacher durch ihren beruflichen Alltag. Aber in erster Linie arbeiten Journalisten für ihre „Kunden". Sie transportieren ihre Informationen via Medium zu den Konsumenten, also zu uns allen. Der Beruf des Journalisten hat somit durchaus auch einen Dienstleistungscharakter.

Wenn Sie mit einem Medienvertreter sprechen, gibt es stets zwei Empfänger Ihrer Aussagen. Zunächst der Journalist, der Sie befragt. Aber dahinter warten als Empfänger all jene Menschen, für die auch der Reporter arbeitet. In gewisser Weise haben Sie und Ihr Interviewer das gleiche Interesse: Sie beide möchten vom Endkunden, den Hörern, Lesern oder Zuschauern, erhört und verstanden werden. Ihre Aussagen sollen für interessant befunden werden und sich aus der Flut der Medienberichte herausheben. Deshalb sind Medienvertreter häufig auf der Suche nach dem Besonderen und nach der sogenannten „Exklusivinformation". Diesen Umstand können Sie sich zunutze machen, indem Sie außergewöhnlich oder spannende Dinge von sich geben. Das erhöht zumindest die Chance, dass Sie wahrgenommen werden. Nach welchen Kriterien Interviewpartner ausgewählt werden, erfahren Sie in Kapitel 5.

→ KAPITEL 5, Seite 37

Bei der Vielfalt der Medien existieren für Journalisten recht unterschiedliche Berufsprofile und je nach Auftrag und Redaktion wählen sie passende Gesprächspartner aus. Es gibt reine Nachrichtenjournalisten, Allrounder, Experten für spezielle Fachgebiete. Einige erklären komplizierte Wirtschaftszusammenhänge oder schreiben tolle Portraits, andere filmen die Tierwelt und wieder andere führen Interviews. Der Beruf des Journalisten hat viele Gesichter.

Heute gibt es vier verschiedene Möglichkeiten für Journalisten zu publizieren, zu veröffentlichen:

- Printmedien (Zeitungen und Zeitschriften),
- Hörfunk (Radiostationen),
- Fernsehen (öffentlich-rechtliches, privates und Pay-TV),
- Internet (Onlineseiten, Internet-Radio + TV, Bloggs etc.).

Medienvertreter suchen nach Wahrheit, nach kritischen Knackpunkten, nach Ungereimtheiten.

Hinter den Meldungen der Nachrichtenagenturen wie dpa, epd oder Reuters und der vielen Fachmediendienste stehen ebenfalls Journalisten. Allerdings haben sie eher eine Mittlerfunktion. Sie sammeln und bündeln Informationen, die zum Teil als Recherchegrundlage für weitere Presseberichte dienen. Manchmal werden die Texte auch unter Angabe der Quelle komplett übernommen. Hauptinformations- und damit auch Hauptkommunikationskanal ist heute das Internet. Das Interview, also die Befragung von Menschen, ist dabei ein zentrales Mittel um Informationen zu beschaffen. Der Betroffene mag das Interview für eine geeignete Plattform halten, auf der er sich und sein Anliegen der Öffentlichkeit vorteilhaft präsentieren kann. Das ist aber keinesfalls die Intention eines Journalisten. Medienvertreter wollen keine Bühne bieten. Sie suchen nach Wahrheit, nach kritischen Knackpunkten, nach Ungereimtheiten. Journalistische Fragen im Interview dienen dazu, der betreffenden Person persönliche Dinge, Standpunkte und Fakten zu entlocken, die sie von sich aus unter Umständen nicht erzählt hätte. Häufig konfrontiert der Journalist diese Person mit Tatsachen oder Argumenten, zu denen diese dann Stellung beziehen soll.

Beim Befragen kann der Journalist je nach Berichtsgegenstand und Person sehr unterschiedliche Rollen einnehmen. Mal ist er ein interessierter, eher schweigsamer Zuhörer, mal ein involvierter, kundiger und engagierter Gesprächspartner. Und manchmal tut er sich durch lästiges Nachfragen hervor. Je hartnäckiger ein Journalist dabei ist, desto gründlicher übt er seinen Beruf aus. Sie sollten das niemals persönlich nehmen, sondern eher als Qualitätsmerkmal anerkennen.

Das englische Wort Interview wird sowohl mit Zusammenkunft als auch mit Unterredung übersetzt. Das journalistische Frage-und-Antwortspiel hat seinen Ursprung in den USA. Die amerikanische Presse begann mit dem Abdrucken von persönlichen Gesprächen, um es „menscheln" zu lassen. Denn schon Anfang des letzten Jahrhunderts bemerkten pfiffige Medienmacher, dass sich trockene Informationen allein nur schlecht verkaufen lassen. Diese Erkenntnis ist heute so aktuell wie damals. Die Medien sind also immer abhängig von guten Kontakten zwischen Menschen. Auf der einen Seite die Journalisten, auf der anderen die interessanten Gesprächspartner aus Wirtschaft, Politik und Gesellschaft. Und manchmal spielen auch noch geheime Informanten eine Rolle.

Wie jede Landschaft, so bedarf auch die Medienlandschaft einer gewissen Pflege. Dazu gehören ein paar Spielregeln für den Umgang miteinander. Im Allgemeinen halten sich Journalisten an diese informelle Regelung. Tun sie es nicht, ist ihr Ruf schnell dahin und der Zugang zu ertragreichen Quellen bleibt künftig versperrt.

Wenn ein Gespräch „unter eins" geführt wird, ist gemeint, dass die Aussagen voll zitierfähig sind. In diesem Fall lohnt es sich, überlegt zu formulieren. Das Gespräch „unter zwei" ist ein Informantengespräch. Niemand wird namentlich zitiert. Details werden sprachlich verpackt. Selbst in den Abendnachrichten hören Sie manchmal „… heißt es aus Vorstandskreisen“ oder „… so ein Parteikollege.“ Sehr umsichtig müssen Journalisten mit Einzelheiten aus Gesprächen „unter drei“ umgehen. Hier handelt es sich um reine Hintergrundinformationen, die ausdrücklich nicht für die Öffentlichkeit bestimmt sind, sondern dem Journalisten tiefere Einsichten in komplexe Themen bieten sollen.

In Berlin aber auch in den Landeshauptstädten gibt es etliche solcher Hintergrundkreise, wo vertrauensvoll „unter drei“ gesprochen wird. Politiker nehmen gern an solchen Treffen teil. Meist nur, um einen sympathischen Eindruck zu hinterlassen und die Medienvertreter für sich einzunehmen. Auch Journalisten besuchen diese Zirkel, wann immer es geht. Die Einladung zu so einem Treffen kommt einem Ritterschlag gleich. Journalisten sind schließlich Menschen, und damit nicht frei von Eitelkeit.

Wichtig für Sie ist vor allem, dass Klarheit über den Grad der Vertraulichkeit Ihrer Informationen herrscht. Am liebsten möchten Journalisten „unter eins“ mit Ihnen sprechen. Denn dann dürfen alle Ihre Aussagen verwendet werden.

Jeder Veröffentlichung eines Interviews oder Teilen davon muss zwingend ein direkter Kontakt mit dem Journalisten vorangegangen sein. Dabei kann es sich um ein persönliches Gespräch handeln oder um eine schriftliche bzw. telefonische Absprache. Andernfalls müsste ein Zitat mit einer Formulierung wie „hat kürzlich bestätigt“ oder „hat bei der Preisverleihung von … bekanntgegeben“ versehen werden.

Wie intensiv der Kontakt mit dem Pressevertreter ist, hängt von recht unterschiedlichen Faktoren ab. Wie wichtig ist der Redaktion das Interview? Wann soll es veröffentlicht werden? Welche Länge soll es haben? Und ist überhaupt Platz in Ihrem Terminkalender? Manchmal telefonieren Journalist und Gesprächspartner nur, manchmal treffen sie sich mehrfach, manchmal besucht der Journalist den Interviewpartner zu Hause oder am Arbeitsplatz und manche Menschen werden sogar in die Redaktion eingeladen. Was der Journalist anschließend mit Ihren Aussagen macht, muss zum Zeitpunkt des Gespräches noch gar nicht feststehen. Ausgenommen natürlich Live-Interviews im Fernsehen oder Radio. Denn da gilt: gesendet wie gesprochen.

Ansonsten kann ein Journalist, alle Informationen, die er während der Recherche sammelt, theoretisch auch als reine Hintergrundinformationen benutzen und Ausschnitte daraus in eigenen Worten wiedergeben. Meist werden aber die prägnantesten Aussagen zitiert. Das gilt für einen Fernseh- oder Radiobericht genauso wie für einen Zeitungstext. Auf den Zusammenhang, in dem Ihr Zitat erscheint, haben Sie wenig Einfluss. Genauso wenig wie auf die Auswahl und Länge Ihrer Ausführungen.

In etlichen Zeitungen und Magazinen erscheinen darüber hinaus immer noch klassische Interviews. Also der Abdruck von langen Frage und Antwortstrecken ohne zusätzliche Kommentare oder Beschreibungen. Personen von besonderem Interesse wird gelegentlich sogar ein ganzseitiges Portrait gewidmet. Dort finden sich neben Zitaten ausführliche Darstellungen des Charakters sowie des Werdegangs und Wirkens. Hierbei muss der Zeitungsjournalist alles umschreiben, z. B. „eine rauchige Stimme“. Einen Teil solcher Beschreibungen kann ein Radioreporter einsparen. Denn die rauchige Stimme hören die Zuhörer schließlich in den Interviewteilen selbst.

Auch im Radioprogramm finden sich Portraits, längere Interviewstrecken oder einzelne Zitate, die in einer Reportage verpackt werden. Hierbei spielt die Ausdruckskraft der Stimme und ihre Wirkung eine erhebliche Rolle. Mehr darüber erfahren Sie in Kapitel 12.

➔ KAPITEL 12, Seite 99

Radio ist ein schnelles Medium. Es kann schon mal vorkommen, dass ein Redakteur bei Ihnen anruft und anfragt, ob er Sie in einer Stunde per Telefon in die Live-Sendung schalten darf. Dann muss man zügig entscheiden und gut vorbereitet sein. Wie Sie Ihre wichtigsten Informationen, sogenannte Kernbotschaften, gezielt und sicher vortragen können, damit beschäftigt sich das Kapitel 10.

➔ KAPITEL 10, Seite 80

Das Fernsehen bietet ebenfalls verschiedene Möglichkeiten um Interviews zu platzieren. Live in der Talk-Show, als Schaltgespräch in den Nachrichten, aufgezeichnet und dann in Teilen in einen Film geschnitten. Und in ganz aktuellen, dringenden Fällen nutzen Journalisten, ebenfalls die Alternative eines Telefoninterviews. Dann ist vielleicht nur ein Foto des Gesprächspartners zu sehen oder eine Karte des Ortes, an dem er sich befindet. Das gilt allerdings meist für Kollegen, z. B. für Reporter, die aus einem Krisengebiet berichten, von dem es noch keine Bilder gibt. In allen anderen Fällen möchten die Fernsehjournalisten dem Publikum ihre Gesprächspartner natürlich zeigen. Es heißt ja Fern*sehen*, d. h. Sie sind zu sehen. Deshalb sind Körpersprache, Mimik und Gestik, ja sogar die Kleidung für einen Auftritt im Fernsehen so wichtig. Um all das dreht sich Kapitel 13. Denn die Zuschauer konzentrieren sich nur zu einem Bruchteil auf den Inhalt, den Moderatoren und Befragte von sich geben. Die Wahrnehmung und damit auch die Bewertung von Aussagen und Personen ist ein komplexer Vorgang, den Sie beeinflussen können.

Deshalb sind Körpersprache, Mimik und Gestik, ja sogar die Kleidung so wichtig.

→ KAPITEL 13, Seite 105

Tendenziell werden immer weniger Zeitungen gelesen. Die Verlagsauflagen sind rückläufig. Fernsehen und Radio liegen noch im Trend. Die großen Sender haben eine erhebliche Verbreitungskraft. Populäre Sendungen bündeln durchaus die Aufmerksamkeit von mehreren Millionen Zuschauern auf einen Schlag. Aus diesem Grund träumen so viele Menschen davon, im Fernsehen aufzutauchen und sind bereit, dafür absurde Sachen zu tun. Früher hieß es „bad news are good news", weil schlechte Nachrichten zumindest eine Garantie dafür waren, dass man überhaupt öffentlich wahrgenommen wurde. Das hat sich geändert. Durch das riesige Presseangebot ist es heute nicht mehr ganz so außergewöhnlich, dass ein Mensch in die Medien gelangt. Durch die unbegrenzten Speichermöglichkeiten der digitalen Medien bleiben bad news allerdings bad news und werden immer wieder als Makel abrufbereit sein.

Die Medienlandschaft, die Arbeitsweisen von Journalisten und damit auch unsere Gewohnheiten als Konsumenten verändern sich weiter. Schon in wenigen Jahren werden alle technischen Medien über ein zentrales internetfähiges Gerät steuer- und abrufbar sein. Das Internet boomt seit langem und ein Ende ist nicht in Sicht. Immer mehr Seiten werden angeboten. Auch traditionelle Medien weiten ihre Online-Angebote aus. Gute Beispiele dafür sind Spiegel-Online, Bild.de oder die Mediatheken der Fernsehanstalten. Vor allem die junge Generation befriedigt ihr Informationsbedürfnis „on demand", das heißt, sie informieren sich kurz und knapp bei Bedarf. Das Warten auf das Rascheln der Morgenzeitung im Briefkasten und die Abendgestaltung, die sich an den Sendezeiten der Fernsehnachrichten orientiert, gehören mehr und mehr der Vergangenheit an.

Dabei kämpfen alle Medien mit den gleichen Problemen: Der Fülle der Informationen, der Vielfalt des Angebots und der damit einhergehend schwindenden Konzentration von Lesern, Zuhörern, Zuschauern oder Usern.

Zeit und Tempo bestimmen die Arbeit von Journalisten. Alle wetteifern um die Gunst ihrer Leser, Zuschauer, Hörer. Alle möchten Neuigkeiten als Erste bekannt geben. Alle streben nach der Exklusivstory. Dafür wird viel Aufwand betrieben und eine Menge Geld ausgegeben. Journalisten arbeiten unter Hochdruck. Natürlich gibt es auch immer noch die gut recherchierte ausführliche Hintergrundreportage. Doch die Chance, damit den Wettlauf um die Aufmerksamkeit der Öffentlichkeit zu gewinnen, ist gering. Mit pointierten Schlagzeilen und aufregenden Aufmachern buhlen die unterschiedlichen Medien deshalb um die Gunst ihrer Konsumenten. Das ist auch der Grund, weshalb es Skandale, Indiskretionen und kleinere oder größere Verfehlungen so leicht haben, auf Seite 1 zu landen. Denn auch in den Medien gilt das Wirtschaftsprinzip von Angebot und Nachfrage.

Im aktuellen Nachrichtengeschäft wird täglich neu die Themenlage geprüft, finden Recherche und Interviews statt, Artikel werden geschrieben und gehen abends in den Druck, Filme werden produziert und am gleichen Abend gesendet. Daneben gibt es noch eine Vielzahl anderer Möglichkeiten der Veröffentlichung. Aber grundsätzlich gilt: Schneller und eindrucksvoller = besser.

Für all diejenigen, die Gegenstand eines Berichtes sind oder die zu einem Thema befragt werden, hat das nicht nur Nachteile. Denn das Wissen um diese Mechanismen hilft dabei, sich auf den Medienbetrieb einzustellen. Sie können bei einer Anfrage überlegen, was Sie dem Journalisten anbieten, worauf sie seine Aufmerksamkeit lenken möchten.

Stellen Sie das Besondere in den Vordergrund. Auch hier lohnt ein Vergleich mit der Wirtschaft. Bieten Sie einen USP an, einen unique selling point, ein Alleinstellungsmerkmal. Eine spezielle Information, die Sie dem Medium, mit dem Sie es zu tun haben, entsprechend gestalten. Wenn Sie z. B. von einem Nachrichtenjournalisten zu einem neuen Produkt befragt werden, hat es wenig Sinn, lange Ausführungen über die soziale Gestaltung der Arbeitsverträge in Ihrem Haus zu machen. Auch dann nicht, wenn diese außergewöhnlich gut sind. Sollte aber eine Medienanfrage genau auf diese Arbeitsbedingungen abzielen, können Sie z. B. anbieten, dass der Journalist einen Mitarbeiter einen Tag lang begleiten kann, um die Stimmung und Vorteile Ihres Betriebes praktisch und anschaulich mitzuerleben. Je genauer Sie das Anliegen des Journalisten bedienen können, desto größer ist die Wahrscheinlichkeit, dass Sie tatsächlich in der Berichterstattung vorkommen. Dennoch kann es durchaus sein, dass Ihnen der fertige Bericht nicht gefällt. Denn vermutlich sieht ein Journalist viele Dinge anders als Sie selbst. Oder er versieht seine Beschreibung mit Kommentaren, die Ihnen nicht behagen. Doch das liegt in der Natur der Sache. Pressevertreter sind schließlich nicht Ihre Pressesprecher und damit auch nicht Ihr Sprachrohr.

Abstand und eine kritische Haltung gehören ja gerade zum Berufsethos. Es wird Sie möglicherweise überraschen, dass Medienfachleute unter sich den Mangel an Distanz zum Berichtsgegenstand mancher Kollegen heftig beklagen. In diesem Zusammenhang wird immer der 1995 verstorbene Fernsehjournalist Hajo Friedrichs zitiert: „Distanz halten, sich nicht gemein machen mit einer Sache, auch nicht mit einer guten.“

Der Journalist fragt stellvertretend für seine Kunden. Damit ist er immer auch Interessenvertreter seiner Zielgruppe. Überprüfen Sie an Ihrem eigenen Medienkonsum, ob Sie das, was Sie dem Journalisten erzählen möchten, selbst als interessant und glaubwürdig empfinden würden.

5. Kapitel

Nach welchen Kriterien werden Interviewpartner ausgewählt?

Am liebsten so, dass die Quote steigt!

Weshalb sehen wir dann eigentlich immer wieder die gleichen Köpfe im Fernsehen? Weshalb werden immer wieder die gleichen Experten zitiert? Dafür gibt es mehrere Gründe. Bei Funktionsträgern ist klar, dass es zu einer bestimmten Person keine Alternative gibt. Wir wollen vom Bundesminister hören, welche Auswirkungen das neue Gesetz hat und nicht vom Staatssekretär oder gar einem Referatsleiter. Selbst dann nicht, wenn er oder sie viel tiefer in der Materie steckt und einen Sachverhalt besser erklären könnte. Namen sind Nachrichten. Das gilt für Politik, Wirtschaft, Kultur und Sport. Wir wollen etwas vom Vorstandvorsitzenden des Dax-Unternehmens wissen. Wir sind scharf auf die Meinung des Bundestrainers, nicht auf die seines Stellvertreters. Der Hauptdarsteller soll etwas sagen, nicht der im Hintergrund agierende Drehbuchautor, und sei er noch so genial. Folglich ergibt sich bei etlichen Themen die Auswahl der Interviewpartner von selbst.

Dennoch gelangen auch weniger populäre Menschen in die Presse. Jedem Bericht geht eine journalistische Recherche voraus. Manchmal reicht ein Telefonat oder ein längerer Blick in Archivdateien. Manchmal sind eine Ortsbesichtigung nötig sowie etliche Hintergrundgespräche mit Menschen, die später gar nicht in der Reportage auftauchen. In einigen Fällen, wenn investigativ gearbeitet wird, kann es zu umfassenden langwierigen, zum Teil monate- oder jahrelangen Nachforschungen kommen, an denen gleich mehrere Journalisten beteiligt sind.

Doch egal ob kurz oder lang, diese Recherchezeit dient der Faktensammlung und der Überprüfung ihres Wahrheitsgehaltes. Dabei gilt der Grundsatz, dass heikle Informationen immer von einer zweiten Quelle bestätigt werden sollten. Während dieser Vorbereitungszeit stoßen Journalisten manchmal auf die Namen der Menschen, die sie später interviewen. Sie suchen nach Stichworten im Internet oder jemand ist als Ansprechpartner in einem Dokument erwähnt. Oder ein Kollege macht in der Redaktionskonferenz auf eine bestimmte Person aufmerksam. Persönlichkeiten können auch von selbst auffallen, weil sie bei einer vorherigen Diskussion einen interessanten Redebeitrag geleistet haben oder bei einem Vortrag als Freund klarer Worte aufgefallen sind. So kann schon ein kurzer Auftritt auf einer Messe, einer Konferenz oder einer Ausstellung dafür sorgen, dass man in das Visier eines Journalisten gerät. Googeln Sie doch einmal Ihren eigenen Namen, und schon erfahren Sie, welche Informationen jeder Medienvertreter kennt oder zumindest kennen könnte. Inzwischen gibt es eine eigene Branche, die Internetseiten nach Stichworten dahingehend optimiert, damit ein Name oder ein Produkt möglichst schnell von den Suchmaschinen ausgespuckt wird.

Journalisten mögen starke, schillernde Persönlichkeiten, die sich mutig und klar äußern.

Journalisten melden sich im Allgemeinen immer bei der zuständigen Pressestelle und kündigen ihre Recherche oder die Berichterstattung an. Dabei fragen sie häufig direkt nach kompetenten Interviewpartnern. Gefragt sind dabei Menschen, die bereit und fähig sind, sofort eine kurze, klare und möglichst pointierte Auskunft zu geben. Journalisten legen ihrer Auswahl folgende Kriterien zu Grunde:

- Gibt es einen engen Bezug zwischen Person und Thema?
- Ist ein Mensch grundsätzlich interessant?
- Hat die Person ein eigenes Profil, ist sie „eine Marke“?
- Wie sieht die Person aus, wie kommt sie rüber, wie ist ihre Körpersprache? (besonders wichtig für Fernsehinterviews)
- Spricht der Mensch verständlich und angenehm?
- Ist die Person meinungsstark?

Das eigene Profil, die Aussagekraft und auch die körperliche Präsenz können mit einem kompetenten Medientrainer im Live-Training erheblich optimiert werden. Journalisten mögen starke, schillernde Persönlichkeiten, die sich mutig und klar äußern. Denn wenn sie solche Menschen ins Zentrum ihrer Berichterstattung stellen, führt das unter Umständen zur Steigerung von Einschaltquote, Verkaufszahlen oder Clicks.

Also was muss ein Interviewpartner oder Talkshowgast haben, damit er in eine Sendung gebeten wird? Und wie muss ein Mensch sein, damit es Sinn und Spaß macht, ihn oder sie zu befragen?

Maybrit Illner, die in ihrer eigenen Talk-Show und Sendungen wie dem ZDF-Morgenmagazin und dem Heute Journal weit mehr als 4.000 Fernsehinterviews geführt hat, beantwortet diese Frage so:

„Das allerwichtigste: Er muss Knowhow und echtes Interesse für's Thema mitbringen – egal ob beruflich bedingt oder aus innerer Überzeugung. Noch besser, wenn sich beide Motive decken. Der Gast braucht ein paar gute, kluge Gedanken – die sollte er oder sie ausdrücken können. Wenn er gut vorbereitet ist und anschaulich spricht, zum Beispiel mit knackigen Beispielen oder originellen Bildern, ist das die halbe Miete. Die andere Hälfte betrifft die Talkshow als Kampfsportart. Das ist nicht blutrünstig zu verstehen, aber Lust an der scharfsinnigen und -züngigen Auseinandersetzung mit den anderen in der Runde ist hochwillkommen."

6. Kapitel

Muss ich mit dem Journalisten sprechen?

Eigentlich nicht.

Schließlich ist niemand gesetzlich dazu verpflichtet, der Presse Auskunft zu geben. Jedenfalls keine natürliche Person. Anders sieht es aus, wenn diese Person eine öffentliche Funktion innehat oder öffentliche Aufgaben wahrnimmt.

Geregelt wird der journalistische Auskunftsanspruch über die Landespressegesetze. Darin sind Auskunftsrechte gegenüber Behörden definiert. Voraussetzung ist der Besitz eines gültigen Presseausweises oder eines Legitimationsschreibens einer Redaktion. Das gilt gleichermaßen für feste wie freiberufliche Journalisten.

Mit Behörden sind alle staatlichen Stellen gemeint, also auch Parlamente, Gerichte und Eigenbetriebe von Bund, Ländern und Gemeinden, wie Theater, Schwimmbäder oder Krankenhäuser. Außerdem gelten die gesetzlichen Vorschriften für Körperschaften und Anstalten des öffentlichen Rechts. Kirchen müssen nur Auskunft über staatliche Angelegenheiten wie Kirchensteuern erteilen.

Zur Umsetzung der pressefreiheitlichen Regeln können sich Journalisten außerdem auf drei weitere Gesetze berufen.
- Informationsfreiheitsgesetz,
- Umweltinformationsgesetz,
- Verbraucherinformationsgesetz.

Die Hälfte der Bundesländer hat ein eigenes Informationsfreiheitsgesetz. Es regelt die Auskunftsrechte ähnlich wie die Landespressegesetze. Allerdings kann sich jeder Bürger darauf berufen und Informationen verlangen, auch wenn er kein Journalist ist.

Im Umweltinformationsgesetz werden alle Verwaltungsbehörden und Unternehmen, die im Umweltschutz tätig sind, verpflichtet, Auskunft zu geben. Darunter fallen beispielsweise auch private Abfallentsorgungsbetriebe.

Und schließlich gibt es noch das Verbraucherinformationsgesetz. Hierin ist ebenfalls eine Auskunftspflicht festgeschrieben. Diese gilt für alle Behörden von Bund und Ländern, zu deren Aufgaben die Überwachung des Verkehrs mit Lebensmitteln, Kosmetika, Bedarfsgegenständen und Futtermitteln gehört. Auch Privatpersonen und Unternehmen, die Aufgaben aus diesem Bereich wahrnehmen, werden hier zur Informationsfreigabe verpflichtet.

Keine Regel ohne Ausnahmen: Immer dann, wenn Vater Staat oder einer seiner Vertreter durch die Informationsfreigabe die Sicherheit oder in einem laufenden Verfahren die Objektivität gefährdet sieht, wird eine Informationssperre verhängt. Und oft genug gibt es dann Streitereien mit den Pressevertretern, die vor Gericht enden. Und das landet dann selbstverständlich wieder in den Medien, z. B. mit der Schlagzeile „Pressefreiheit in Gefahr".

Absagen machen Journalisten misstrauisch.

Weil es diese gesetzliche Grundlage zur Auskunftspflicht gibt, haben auch alle oben aufgezählten Institutionen eine eigene Abteilung oder zumindest einen Ansprechpartner, der für den Kontakt mit Pressevertretern zuständig ist. Viele dieser Personen lassen sich mittlerweile in einem praktischen Medientraining auf das Frage- und Antwortspiel mit Journalisten vorbereiten. Allen anderen Menschen, Unternehmen, Vereinen und Institutionen ist es letztlich freigestellt, ob sie mit einem Medienvertreter sprechen möchten oder nicht.

Beachten Sie bitte genau, von wem die Anfrage kommt. Unseriösen Medien aus dem politisch extremen Umfeld oder Sektenpostillen sollten Sie besser einen Korb geben. Selbst wenn Sie sich kritisch äußern, kann Ihr Name in der öffentlichen Wahrnehmung mit diesen Quellen in Zusammenhang gebracht werden und Sie in eine ideologische Ecke rücken, in die Sie nicht gehören. Auch bei Anfragen von reinen Boulevardmedien sollten Sie prüfen, ob es in Ihrer Situation angemessen ist, darin aufzutauchen.

In allen anderen Fällen kann man nur empfehlen zu kooperieren. Wenn Sie das Gespräch mit der Presse ablehnen, haben Sie keinerlei Einfluss auf die Veröffentlichung. Sind Sie dagegen auskunftsbereit, haben Sie zumindest eine Chance, die Informationen, die Ihnen wichtig sind vorzutragen, Ihre Sichtweise zu erläutern oder mögliche Vorwürfe zu entkräften. Absagen machen Journalisten misstrauisch. Wenn Sie die Auskunft verweigern, wird zumindest dieser Umstand publiziert. Wir alle haben schon gelesen oder gehört „Es war niemand bereit, unsere Fragen zu beantworten.“ Oder „Zu diesem Vorwurf haben wir keine Stellungnahme erhalten.“ Und Sie wissen, dass das vermutlich ein recht negatives Licht auf Sie wirft.

Angenommen, Sie haben sich entschlossen, ein Interview zu geben, oder es hat sogar schon stattgefunden und Sie selbst sind recht zufrieden mit sich, dann ist das immer noch keine Garantie dafür, dass Ihre Aussagen auch veröffentlicht werden. Also seien Sie nicht enttäuscht, wenn aus dem Bericht nichts wird. Journalisten kämpfen in ihren Redaktionskonferenzen um ihre Themen. Häufig konkurrieren ähnlich interessante Geschichten miteinander. Und dann kann es vorkommen, dass eine andere ins Blatt oder in die Sendung gehoben wird. Das muss nicht zwingend etwas mit Ihnen oder Ihrem Interview zu tun haben.

Die Gründe für die Auswahlkriterien der Redaktionen sind vielfältig. Die großen politischen Talkshows recherchieren für jede Sendung zwei oder gar drei wichtige Themen der Woche und laden dazu passende Gäste ein. Die Entscheidung und damit auch endgültige Zu- oder Absagen finden normalerweise 2–3 Tage vorher statt. Unter dem Druck der Aktualität kann der Wechsel auf eine andere Geschichte und damit auf andere Gäste aber auch durchaus in den letzten 24 Stunden fallen. Solche Entscheidungen gehören zum normalen Alltag des Nachrichtengeschäfts. Tageszeitungen kennen den „Aufmacher“, die wichtigste Schlagzeile auf der Titelseite, fast nie länger als ein paar Stunden vor Redaktionsschluss. Bei Reportagen, die nicht zwingend von der Tagesaktualität abhängen, ist die Planung dagegen längerfristig und die Zusage für die Veröffentlichung meist auch etwas zuverlässiger.

7. Kapitel

Kann man Interviews vorbereiten?

Ja klar!

Und das auf recht vielfältige Weise. Journalisten haben ja z. B. kein Monopol auf das Fragerecht. Sie können also bei einer Anfrage jederzeit um ein Vorgespräch bitten und versuchen, möglichst viel über Intention und Umstände der Berichterstattung herauszufinden.

Checkliste zur Vorbereitung von Medienkontakten

- Mit welchem Medium (Print, TV, Radio, Online) habe ich es zu tun?
- Wer ist mein Gesprächspartner: Praktikant oder Fachjournalist?
- Welches Ressort interessiert sich für mich oder meine Sache?
- Wer ist die Zielgruppe des Mediums?
- Welche Erwartungen haben Leser, Hörer, Zuschauer?
- Welche Art von Informationen sammelt der Journalist?
- Was kann er daraus machen?
- Weshalb werde ausgerechnet ich angesprochen?
- Was wird man von mir wissen wollen?
- In welchem Zusammenhang erreicht mich die Anfrage?
- Was ist gewünscht? Ein Hintergrundgespräch, ein Telefoninterview, ein Portrait oder soll ich live in einer Radio- oder Fernsehsendung auftreten?
- Wie viel Zeit wird man meinen Antworten vermutlich einräumen?
- Gab es vom gleichen Medium schon andere positive oder negative Berichte über mein Thema?

Vermutlich werden Sie nicht auf alle Fragen befriedigende Antworten erhalten. Das heißt nicht zwingend, dass Ihr Gegenüber mit verdeckten Karten spielt. Möglicherweise gibt es noch keine redaktionelle Festlegung über die Weiterverarbeitung Ihrer Interviewantworten. Vielleicht ist ein Portrait geplant, aber am Ende wird doch ein reines Gespräch gesendet oder gedruckt. Manche Auskunft wird auch nur als Hintergrundinformation eingeholt. Sprechen Sie den Medienvertreter an und erkundigen Sie sich, was er konkret mit Ihren Aussagen vorhat.

Selbst wenn Sie in Ihrem Vorgespräch nur wenig über die Absichten des Pressevertreters erfahren, so wird es Ihnen doch dabei helfen, sich inhaltlich und sprachlich auf den Medienkontakt einzustellen.

Analog zum obigen Fragenkatalog, mit dem Sie zunächst Motive und Absichten Ihres Gegenübers ergründen, finden Sie im Kapitel 10 Werkzeuge, mit denen Sie Ihre eigenen Kernbotschaften vorbereiten können.

→ KAPITEL 10, Seite 80

8. Kapitel

Wie läuft ein Interview ab?

Kommt drauf an.

Auf das Thema, die Umstände, das Ziel und das Medium.

Print

Grundsätzlich kann alles, was der Journalist von Ihnen erfährt und von Ihnen wahrnimmt, in die Berichterstattung einfließen. Gerade die Printmedien lieben Beschreibungen wie „Frau x sitzt angespannt hinter ihrem Schreibtisch und lächelt verkrampft". Das tut natürlich weh, wenn man so etwas über sich liest. Vor allem, weil man davon ausgehen muss, dass auch Mitarbeiter, Kunden, Konkurrenten und Angehörige den gleichen Artikel lesen.

Es heißt also nicht „Auf die Plätze fertig los – jetzt beginnt das Interview". In seiner Beschreibung kann der Journalist auch im Radio oder Fernsehen als Kommentarstimme alles verwerten, was er aus dem Kontakt zu Ihnen mitgenommen hat.

Möglicherweise telefonieren Sie nur miteinander und sprechen verschiedene Aspekte durch. Oder Sie treffen sich in Ihrem Büro oder an einem öffentlichen Ort, der Journalist drückt irgendwann die Taste seines Aufnahmegerätes, macht sich nur ein paar schriftliche Notizen oder vielleicht sogar nicht einmal das. Die jeweilige Arbeitsweise sagt noch nichts über die Qualität des Journalisten und seiner Berichterstattung aus.

Um Zeit und längere Reisewege zu sparen, nutzen Zeitungsjournalisten manchmal auch die Möglichkeit, die Fragen schriftlich per E-Mail zu stellen. In diesem Fall entfallen selbstverständlich jegliche Zusatzbeschreibungen und es zählt nur das geschriebene Wort.

Zur Beantwortung der Fragen haben Sie etwas mehr Zeit als im direkten Gespräch. Deshalb können Sie Ihre Äußerungen von einer vertrauten und kompetenten Person gegenlesen lassen und eventuell noch hilfreiche Anregungen oder Ergänzungen einholen. Andererseits erwarten Journalisten die zügige Beantwortung einer

Mail. Deshalb sollte keinesfalls mehr als ein Tag vergehen, bis Sie Ihre Stellungnahme parat haben.

Rundfunk

Wenn Sie es mit einem Radioreporter zu tun haben, werden Sie Ihre Antworten zwangsläufig in ein Mikrofon sprechen müssen. Es sei denn, Sie werden telefonisch interviewt. In diesem Fall wird das Gespräch mitgeschnitten. Wegen der etwas schlechteren Tonqualität versuchen Radioreporter dies aber gern zu vermeiden. Ausgenommen Telefoninterviews, die live mit dem Moderator geführt werden.

Bevor man Sie dafür ins Studio schaltet, findet zumeist ein kurzes Vorgespräch mit dem Redakteur statt. Das ist vermutlich der gleiche, der Sie auch zu diesem Interview eingeladen hat. Bei ihm können Sie erfragen, wie viel Zeit Sie für die Antworten haben, welche Themen angesprochen werden und was genau das für eine Sendung ist.

Wichtigstes Werkzeug für Radioauftritte ist Ihre Stimme. Stimmlage, Klang, Tempo und Satzmelodie erzeugen beim Hörer Gefühle – völlig unabhängig von Ihren Aussagen. Wer sich stimmlich auf Radiointerviews vorbereiten möchte, findet dazu in Kapitel 12 weiterführende Hinweise.

→ KAPITEL 12, Seite 99

Online

Online ist technisch alles möglich. Auch hier werden häufig Fragen elektronisch verschickt und dann weiterverarbeitet. Aber auch akustische oder visuelle Interviews können auf allen möglichen publizistischen Seiten hochgeladen werden. Die bemerkenswertesten Videoaufzeichnungen landen dann am Ende meist auf dem beliebten freien Kanal youtube. Der verantwortliche Redakteur ist daran meist unschuldig. Kreative User aus der Netzgemeinde übernehmen das freiwillig – aus welchen Motiven auch immer.

TV

Beim Fernsehen ist alles noch einmal ganz anders. Die Vorbereitung ist wegen der Technik aufwendiger und zeitintensiver. Wir unterscheiden auch hier zwischen live und Aufzeichnung. In beiden Fällen gilt: Sie sind bei einem Interview zu sehen. Ob nur Ihr Gesicht oder der ganze Körper inklusive der Füße, darauf haben Sie wenig Einfluss. Sorgen Sie also dafür, dass Sie von Kopf bis Fuß genau so aussehen, wie Sie es für angemessen halten. Hilfreiche Hinweise zu angemessener Körpersprache vorteilhafter finden Sie in Kapitel 13.

→ KAPITEL 13, Seite 105

Aufzeichnung

TV-Reporter besuchen Sie gern mit einem Kamerateam an Ihrer Wirkungsstätte. Sie hoffen auf zusätzliches Bildmaterial, das sie in ihrem Filmbericht verwenden können. Darauf werden dann journalistische Zusatzinformationen gesprochen. Eine Industrieproduktionsstätte, ein repräsentatives Büro oder Aufnahmen aus dem privaten Umfeld werden dafür gerne genutzt. Ihre und möglicherweise auch die Aussagen von anderen Menschen werden in dieses Bildmaterial eingebettet. Journalisten sprechen dann von „gestalteten Interviews“. Häufig dauern solche Aufnahmen etliche Stunden und es werden zig Fragerunden gefilmt. Die O-Ton Auswahl erfolgt erst im Nachhinein. Aus einem langen Interview bleibt dann im Bericht unter Umständen nur ein 30-Sekunden-Statement übrig. Doch egal wie lange Ihr Auftritt dauert, achten Sie auf jeden Fall auf den Hintergrund, die Kulisse vor der Sie befragt werden. Ein Firmenlogo wäre angebracht oder eine Umgebung, die im positiven Sinne mit Ihrem Thema verknüpft ist. Fragen zur Ökologie sollten vermutlich besser nicht vor schwarz qualmenden Schornsteinen beantwortet werden. Anderenfalls stellen die Zuschauer Ihre Aussagen sofort in Frage.

Überhaupt sollte jegliche Form von Widersprüchlichkeit vermieden werden. Ein Spendenaufruf für Notleidende, aufgezeichnet im Viersternerestaurant, hinterlässt einen Beigeschmack. Der Drehort wird mit Ihnen abgestimmt. Sicher haben die Reporter schon eigene Vorstellungen, die sie Ihnen vorschlagen. Aber Sie müssen natürlich nicht darauf eingehen. Äußern Sie Ihre Bedenken freundlich, aber selbstbewusst. Im Zweifelsfall bestehen Sie auf einem neutralen Hintergrund.

Im Vorfeld eines solchen Drehtermins gab es vermutlich schon einen oder mehrere Absprachen per Telefon oder Mail. Sie müssen dem Besuch des Fernsehteams schließlich zustimmen. Überfallkommandos, bei denen der Reporter mit laufender Kamera unangemeldet an Ihrer Tür klingelt, gelten eher als unseriös. Gleichwohl wird diese Methode ab und zu von Boulevardjournalisten gewählt. Manchmal auch im Zuge von ernsthaften Recherchen, wenn investigativ gearbeitet wird. Spiegel-TV-Mitarbeiter haben diesen Weg früher häufig genutzt, um Authentizität herzustellen. Doch diese Arbeitsweise gilt auch unter Journalisten als umstritten.

Auch eine glänzende Glatze wirkt unvorteilhaft und gehört abgepudert.

Im Normalfall sind Sie darüber informiert, wann das Team kommt, Sie kennen das Thema und wissen schon ungefähr, worüber man Sie befragen will. Heute arbeiten mehr und mehr TV-Reporter als VJs, als Videojournalisten. Das heißt der Reporter hat selbst eine technische Ausbildung absolviert, kennt sich mit Kamera und Mikrofon aus und nimmt das Interview selber auf. Große Produktionsfirmen oder Sender schicken aber immer noch meist ein Team bestehend aus Journalist, Kameramann und Tonassistent. Gemeinsam suchen sie einen passenden Ort, der als Kulisse für die Interviewaufnahme dienen kann. Dort bauen sie einige Lampen und ihre Aufnahmegeräte auf. Während der technischen Vorbereitungen wird sich der Journalist mit Ihnen beschäftigen und Hintergrundinformationen erfragen. Vor oder nach dem Interview wird das Team noch einige Schnittbilder drehen. Das können die Fragen des Journalisten sein, Ihre Hände, Ihr Arbeitsplatz oder Aufnahmen aus Ihrem Wirkungsfeld. All das wird später in einem Bericht zusammengeschnitten.

Zu so einem Team gehört übrigens nicht automatisch auch eine Maskenbildnerin. Da das Fernsehlicht oft hart ist und jeder Mensch in der Zweidimensionalität verändert aussieht, denken Sie bitte vor dem Interview an den Blick in den Spiegel. Ungekämmte Haare können schnell wirr aussehen, unabgedeckte Augenränder lassen Sie elend erscheinen. Nicht nur Damen wird zu Make-up geraten. Auch eine glänzende Glatze wirkt unvorteilhaft und gehört abgepudert.

Gleiches gilt für den Fall, dass Sie dem Reporter auf einer Veranstaltung begegnen. Vielleicht auf einer Messe, einem Parteitag, bei einem Sportereignis oder auf einer Konferenz. Überall kann es vorkommen, dass Sie angesprochen werden, ob Sie „mal eben" ein kurzes Statement vor der Kamera abgeben können. Dann heißt es schnell schalten, rasch klären, für welches Medium oder welche Sendung Ihr O-Ton verwendet werden soll, und ob Sie sich überhaupt in der Lage sehen, zu dem gewünschten Thema Stellung zu beziehen. Denn manchmal sind auch Journalisten schier verzweifelt auf der Suche nach Protagonisten, die sich zu einem bestimmten Thema äußern. Ob ausgerechnet Sie dafür die richtige Person sind und Sie sich sicher genug fühlen, um sich bei so einem Schnellschuss gut zu präsentieren, müssen Sie unter Umständen binnen Sekunden erkennen und entscheiden. Bei Zweifel und Unsicherheit lieber höflich absagen. Das Argument Zeitmangel wird bei solchen Anlässen meistens akzeptiert.

Ganz egal in welcher Situation die Kamera auf Sie gerichtet ist, Sie sollten wissen, was Sie sagen möchten, und die Kernaussagen parat haben. Denn wenn Sie es nicht schaffen, kurz und präzise zu antworten, wird Ihre Aussage unter Umständen gekürzt. Ohne dass der Zuschauer es bemerkt, schneiden gute Cutter Sätze zusammen, die so gar nicht formuliert worden sind. Dabei könnten Äußerungen unter den Tisch fallen, die Ihnen besonders am Herzen liegen.

Wenn Sie mit Ihrer eigenen Antwort unzufrieden sind, bitten Sie um Wiederholung der Aufzeichnung. Bei ausreichender Zeit und Wohlwollen der Journalisten, wird dieser Wunsch erfüllt. Sprechen Sie vorher ab, dass Sie gern Ihr Einverständnis zur Freigabe geben möchten. Sie können dazu die Aufnahme auch mit Ton im Kameraobjektiv anschauen. Das ist technisch eine Kleinigkeit. Möglicherweise stellen Sie dann gemeinsam mit dem Journalisten fest, dass sich eine zweite Variante lohnt.

Ein Praxistipp: Gesetzt den Fall, Sie bemerken schon während der Aufnahme, dass der Fragesteller Sie aufs Glatteis führt und Sie zu Äußerungen provoziert, die Sie gar nicht haben machen wollen, brechen Sie das Interview „geschickt" ab. Ein kleiner Hustenanfall, oder ein versehentliches Wegknicken aus dem Kamerabild, wird vermutlich zur gewünschten Wiederholung der Frage führen.

Bei solchen Aufzeichnungen ist weder eine persönliche Vorstellung noch eine Begrüßungs- oder Dankesformel notwendig. Der Journalist wird Sie später in seinem Bericht antexten, damit der Zuschauer weiß, wer Sie sind. Im Normalfall erhalten Sie später während der Nachbearbeitung eine sogenannte „Bauchbinde", eine grafische Einblendung auf der Name, Amt oder Funktion notiert sind. Es gibt auch sprechende Bauchbinden. Unter Ihrem Namen stehen dann vielleicht Zusatzinformationen, Ihr Alter, Ihr Hobby, Ihre Vorlieben, ein Zitat – was auch immer der Journalist wählt, Sie werden darauf keinen Einfluss haben.

Schauen Sie während des Gespräches in die Augen des Fragestellers und nicht in die Kamera. Der Journalist stellt die Fragen stellvertretend für das Publikum und ist somit Ihr Adressat. Seien Sie nicht irritiert, wenn Ihr Gegenüber während Ihrer Antwort ab und zu auf seinen Stichwortzettel blickt oder Augenkontakt mit seinem Kameramann sucht. Das gehört zu seiner Arbeit. Bleiben Sie konzentriert bei Ihrer Antwort und richten diese weiter an den Fragesteller. Der Zuschauer sieht später nur Sie und nicht, was rundherum geschieht.

Live – Schaltgespräch

Sie sollen in einer Nachrichtensendung interviewt werden oder aus der Ferne eine laufende Talkshow kommentieren. Die Livesendung findet im Stammstudio statt, Sie sitzen aber in einem anderen Studio oder vielleicht an Ihrem Arbeitsplatz. Ihre Aussagen werden mittels Sattelitenübertragung an das Hauptstudio gesendet. Wenn überhaupt, sehen Sie Ihren Gesprächspartner nur auf einem Monitor. Die Schwierigkeit besteht darin, dass Sie beim Sprechen nicht in diesen Monitor blicken sollen, sondern direkt in das schwarze Kameraauge. Das ist für die meisten Menschen ungewohnt und unangenehm. Mit ein paar Übungen gewöhnt man sich aber daran. Während der Sendung sind Sie nur in den Momenten zu sehen, in denen das Rotlicht an Ihrer Kamera leuchtet. Ansonsten haben Sie mit dem Livegeschehen der Sendung nichts zu tun. Ihre Ansprechpartner gehören zum Ü-Wagen-Team oder zum Schaltstudio. Diese stehen natürlich in laufender Verbindung mit ihren Kollegen im Sendestudio.

Bei solchen Schaltgesprächen kann es leicht zu technischen Störgeräuschen kommen. Sie selber wissen nicht, ob diese nur von Ihnen oder auch von den Zuschauern wahrgenommen werden. Sprechen Sie diese Tonstörung an. Notfalls sogar, während Sie bereits live auf Sendung sind. So etwas ist kein Grund sich unsicher zu fühlen. Niemandem ist damit geholfen, wenn Sie oder die Zuschauer die Fragen nicht verstehen können. Fernsehleute sind an technische Widrigkeiten gewöhnt und dankbar, wenn Sie an deren Überwindung mitarbeiten.

Konzentrieren Sie sich auf Ihren Job und geben Sie gescheite oder überraschende Antworten.

Live – Studiogespräch

Sie werden als Livegast in eine Sendung eingeladen. Nehmen wir als Beispiel ein Fachmagazin, in dem verschiedene Filmberichte gezeigt werden. Sie sollen dem Moderator im Studio weitere Informationen liefern. In diesem Fall werden Sie von der Redaktion vor Ort betreut. Häufig bietet sich die Gelegenheit, den Moderator kurz vor der Sendung kennenzulernen. Viele Menschen empfinden es als angenehm, wenn Sie die Person, die gleich live die Fragen stellen wird, vorab beschnuppern können. Moderatoren wissen das und kommen deshalb gern zu einem Small Talk in den Besucherraum oder gehen gemeinsam mit Ihnen in die Maske. Lassen Sie sich von so einem möglicherweise extrem netten Erstkontakt nicht zu der Annahme verleiten, der Moderator würde Sie im Anschluss im Studio mit Samthandschuhen anfassen. Das kleine Warm-Up gehört zum Programm und soll Sie nur ein wenig locker machen. Dieses Kennenlernen oder die Beziehung zu Ihrem Interviewpartner sollten Sie daher nicht überbewerten. Moderatoren machen ihren Job, und der besteht darin, gescheite oder überraschende Fragen zu stellen. Konzentrieren Sie sich auf Ihren Job und geben Sie gescheite oder überraschende Antworten.

Nach dem Besuch bei der Maskenbildnerin, die dafür sorgt, dass Ihre Schokoladenseite zur Geltung kommt, werden Sie verkabelt.

Ein Funkmikrofon wird am Revers des Jacketts, dem Ausschnitt von Pullover, Bluse, Hemd oder an der Krawatte befestigt. Manche Sender nutzen inzwischen gern Headsets. Kleine Metallgestelle, die mit Bügeln ums Ohr gehängt werden. Von dort reicht ein kleiner Steg mit Minimikro über die Wange Richtung Mund. Bei aufwendigen Damenfrisuren ist das nur die zweitbeste Variante. Beim Anlegen der Technik gerät das Werk der Maskenbildnerin nämlich manchmal in Mitleidenschaft. Wenn es an der Zeit ist, werden Sie vom Aufnahmeleiter an den vorgesehenen Platz geführt. Egal ob Sie sitzen oder stehen, der Hinweis, Sie mögen sich bitte nicht allzu sehr bewegen, ist keine Disziplinierungsmaßnahme, sondern den Lichtverhältnissen eines Fernsehstudios geschuldet. Ein Gesicht, ungünstig beleuchtet, kann leicht wie ein Totenschädel mit Warzen aussehen – und wer will das schon.

Sprache und Inhalte müssen auf Anhieb sitzen.

Für so ein Livegespräch ist in einem Ablaufplan eine sehr genaue Zeit vorgegeben, z. B. 2 Minuten und 45 Sekunden. Sie glauben gar nicht, wie viel man in dieser Zeit sagen kann, wenn man die richtigen Formulierungen im Kopf hat. Alles, was vom Zuschauer nicht sofort verstanden wird, ist für immer verloren. Niemand zeichnet Sendungen auf, um zurückzuspulen und noch einmal genau hinzuhören. Sprache und Inhalte müssen auf Anhieb sitzen. Mit diesem Punkt befassen sich die Kapitel 10 und 11. Ihnen wird der Zeitrahmen mit ziemlicher Sicherheit zu kurz vorkommen. Wenn der Moderator Sie irgendwann unterbricht oder gar mitten im Satz abwürgt, weiß er um seine Unhöflichkeit. Aber er weiß auch, dass er sich im Anschluss an die Sendung, in der sogenannten Redaktionsschelte, eine Rüge einhandelt, wenn er die Zeiten nicht einhält.

→ KAPITEL 10, Seite 80
→ KAPITEL 11, Seite 88

Alle drei hier beschriebenen Livesituationen können natürlich theoretisch auch als Voraufzeichnungen stattfinden. Die Bedingungen sind denen der Livesendung nahezu gleich. Denn kein Regisseur schneidet gern Fehler oder Längen aus einer fertigen Sendung heraus. Diese Brüche werden von Zuschauern intuitiv wahrgenommen. Deshalb spricht man bei aufgezeichneten Sendungen von „live on tape“. Gemeint ist ein Mittschnitt des Geschehens, das zu einem späteren Zeitpunkt unbearbeitet gesendet wird. Bei Interviews in Nachrichtensendungen hören Sie den Moderator im Anschluss an so eine Sequenz sagen „Dieses Gespräch haben wir kurz vor der Sendung aufgezeichnet.“ Eine Aufzeichnung als live zu verkaufen, also so zu tun, als würde sich die Studioaktion zum Zeitpunkt der Ausstrahlung abspielen, gilt als Fake. Bei aktuellen Anlässen werden seriöse Medien niemals zu diesem Trick greifen. Lediglich Unterhaltungsshows oder weniger aktuelle Magazine werden zuweilen zeitversetzt gesendet.

Nach Ihrem Part können Sie im Allgemeinen sofort gehen. Viele Interviewgäste lassen sich in der Maske noch rasch abschminken. Denn das Fernseh-Make-up ist sehr stark und selbst für Damen alltagsuntauglich.

Ganz egal, ob es nun der große Auftritt in einer bundesweit ausgestrahlten Talkshow sein wird, ob Sie dem Regionalradio einen O-Ton geben oder sich die Gelegenheit für ein Gespräch mit einem Zeitungsjournalisten bietet, es gibt ein paar ganz klare Regeln für das Frage- und Antwortspiel.

Wenn Sie diese beachten, können Sie im Allgemeinen davon ausgehen, dass die Pressevertreter ihrerseits auch Sie fair behandeln werden.

Goldene Regeln für alle Interviewformen:

- Behandeln Sie Ihren Gesprächspartner respektvoll und nehmen Sie die Fragen ernst.
- Beantworten Sie bitte die Frage, die Ihnen gestellt wurde. Nicht zuerst den Wählern danken oder zunächst auf ein anderes Thema eingehen wollen. Das ist unhöflich und bringt den Interviewer gegen Sie auf.
- Loben Sie den Journalisten nicht. („Gute Frage!“) Gute Fragen gehören zum Geschäft. Werten Sie die Frage nicht ab („Falsche Frage“, „Sie sind nicht richtig informiert.“)
- Sagen Sie immer die Wahrheit, selbst wenn diese unangenehm ist. Lügen haben in „den Medien“ noch kürzere Beine als im

richtigen Leben. (Alles was ich sage, ist wahr, aber ich muss nicht alles sagen, was wahr ist.)

- Gestehen Sie Fehler ein und äußern Sie Ihr Bedauern darüber.
- Keine „Eier“ legen, die von Journalisten ausgebrütet werden können. Also keine Andeutungen oder Reizworte benutzen, die zur Nachfrage animieren.
- Bleiben Sie auch im Interview natürlich und authentisch. Täuschen Sie nicht jemanden vor, der Sie nicht sind. Wenn Sie empört sind, spürt man das, auch wenn Sie den Nüchternen vorgeben.
- Bereiten Sie Ihre Kernbotschaften vor. Versuchen Sie, diese in Ihrer Antwort unterzubringen. Manchmal führt ein sprachlicher Schlenker zum gewünschten Ziel.
- Denken Sie an die Zielgruppe. Wer sind die Leser, Zuhörer, Zuschauer? Reden Sie so, dass Sie von dieser Gruppe verstanden werden.
- Erzählen Sie in Bildern und Geschichten. Sprechen Sie, wenn es angebracht ist, über Menschen, geben Sie ihnen einen Namen. Das schafft Nähe und Vertrauen.
- Keine Angst vor Gefühlen. Aber lassen Sie sich nicht provozieren oder in die Enge treiben.
- Antworten Sie auf kritische oder unfaire Fragen besonnen. Sagen Sie ruhig, wenn Sie sich ungerecht behandelt fühlen, achten Sie dabei aber darauf nicht zu jammern.
- Bei unverständlichen Fragen, unbedingt höflich nachfragen („Meinen Sie damit ...?“)
- Danken Sie dem Interviewer nicht. Ihnen gehört der Dank – für Ihre Zeit und Gesprächsbereitschaft.
- Vermeiden Sie Plaudereien aus dem Nähkästchen – und ist/sei die Verführung noch so groß. Privatgeschichten gehören ins Privatleben und Firmeninternes in die Firma.

Talkshow live

Alle bisherigen Empfehlungen gelten auch für Talkshows – der Königsdisziplin unter den Interviewformaten. Doch es gibt einen elementaren Unterschied. Sie sitzen, selbst wenn Sie gerade nicht befragt werden, in der Livestudiosituation, und können jederzeit im Bild sein. Regisseure lieben Zwischenschnitte von empörten oder ungläubigen Gesichtern, von ausschweifenden Gesten oder seltsamen Sitzpositionen. In Kapitel 13 erfahren Sie, was man alles von Ihnen wahrnimmt, selbst wenn Sie selbst gerade schweigen. In einer Gesprächsrunde wird Ihr Auftreten und Verhalten von den Zuschauern ganz besonders beachtet: Lassen Sie sich das Wort abschneiden oder unterbrechen Sie selbst andere Teilnehmer? Antworten Sie auf die Fragen des Gastgebers oder reden Sie einfach über das, was Sie für wichtig halten. Die Beurteilung Ihrer Person sowie der Erfolg Ihres Fernsehauftritts hängen von etlichen Faktoren ab. Viele davon lassen sich bewusst steuern.

→ KAPITEL 13, Seite 105

Auch in der Talkshow besitzt der Moderator als Gastgeber die Hoheit über Fragen und Themenlenkung. Neben der direkten Fragestellung bieten sich aber immer wieder Gelegenheiten, auch auf Statements der übrigen Teilnehmer einzugehen. Lebhaftigkeit bis hin zum Kommunikationskrawall ist bei den Medienmachern durchaus erwünscht. Denn erfahrungsgemäß steigen damit die Einschaltquoten.

Mittlerweile gibt es Talkshows über alle möglichen Themen. Der politische Diskurs steht schon lange nicht mehr im Vordergrund. Etliche Formate haben sich auf das Ergründen von Gefühlen und ungewöhnlichen Lebensgeschichten spezialisiert. Andere wollen Wissen vermitteln oder unterhalten. Doch trotz dieser Vielfalt ist das klassische Streitgespräch um gesellschaftlich relevante Themen nicht vom Aussterben bedroht.

Talkshowredakteure haben deutliche Ziele und Intentionen. Sie bieten eine Plattform, auf der Standpunkte und unterschiedliche Perspektiven ausgetauscht und gegeneinander abgewogen werden. Dies soll dem Zuschauer als Kunden ermöglichen, sich eine eigene Meinung zu bilden. Laut Rundfunkstaatsvertrag ist das nämlich eine der vornehmlichen Aufgaben zumindest des öffentlich-rechtlichen Rundfunks. Das der Prozess der öffentlichen Meinungsbildung via Talkshow auch heute noch funktioniert, ist daran zu sehen, dass es inzwischen im Nachgang jede Menge „Sendekritik“ gibt. Spiegel-Online beispielsweise stellt nach jeder großen Diskussion, sei es nun von Illner oder Will, einen Beitrag ins Netz, in dem der Verlauf des Gespräches analysiert, bewertet und in Foren weiterdiskutiert wird. Auch die Sender selber bieten häufig während oder nach der Ausstrahlung Livechats mit Zuschauerbeteiligungen an. Bei Frank Plasbergs „hart aber fair" werden Zuschauerfragen oder Kommentare sogar regelmäßig während der Sendung angesprochen. Wegen all dieser Möglichkeiten der öffentlichen Partizipation, ist es umso wichtiger, dass der Auftritt in einer Talkshow nicht verpatzt wird.

Checkliste zur Vorbereitung auf den Talkshowbesuch

- Wer sind die anderen Diskussionsteilnehmer? Falls unbekannt, die betreffenden Personen googeln und sich mit ihnen vertraut machen.
- Kenne ich die Positionen und Argumente der anderen? Falls unbekannt, recherchieren und falls vorhanden, frühere Interviews anschauen.
- Kann ich überzeugend auf Kritik oder Gegenpositionen reagieren? Kernbotschaften vorbereiten.
- Wie lange dauert die Sendung, wie viele Gäste sind eingeladen? Ist für alle Teilnehmer die gleiche Sprechzeit vorgesehen oder bin ich für einen kleineren oder größeren Part eingeplant?
- Welche Farben hat die Studiodekoration? Wählen Sie passende Kleidung.
- Werden wir stehen oder sitzen? Ebenfalls wichtig für die Kleiderwahl. Möglicherweise auch eine Konditionsfrage bei gesundheitlichen Einschränkungen. Diese der Redaktion unbedingt vorab mitteilen, vor allem Hör- oder Sehprobleme.

Auch Livetalkshows haben einen strukturierten Ablauf, dem ein Konzept und eine Dramaturgie zugrunde liegen. Aufgabe der Moderation ist es, diese mit Leben zu füllen. Die Redaktion hat vorab erarbeitet, welche Themen in welcher Reihenfolge besprochen werden sollen. Das ist wichtig, nicht nur, um den Gästen gleichermaßen gerecht zu werden. Häufig werden auch ergänzende Einspielfilme gezeigt, über die dann weiter diskutiert werden soll. Der Moderator ist dafür zuständig, dass diese mehr oder weniger nahtlos in den Gesprächsfluss integriert werden. Agieren Sie nicht gegen diese Gesamtdramaturgie, z. B. durch ständige Unterbrechungen oder dem Beharren auf einem Thema. Ihr Gastgeber weiß sich dagegen mit rhetorischen Mitteln zu wehren. „Kämpfen“ Sie nicht mit dem Moderator. Die anderen Gäste werden sich schnell auf seine Seite schlagen. Außerdem ist ihm die technische Unterstützung sicher. Im Extremfall bittet er die Tonregie, Ihr Mikrofon auszuschalten.

Dennoch müssen Sie natürlich nicht unterwürfig sein – im Gegenteil. Behandeln Sie Ihren Gastgeber und weitere Diskutanten respektvoll auf Augenhöhe und benehmen Sie sich wie ein gern gesehener Gast. Dazu gehören eine anständige Sitzposition und höfliches Sprechverhalten. Beantworten Sie die Fragen und versuchen Sie, in jeder Antwort gleich eine Ihrer Kernbotschaften einzubinden. Attackieren Sie auch die anderen Teilnehmer nicht. Verbale Muskelprotzerei macht nur selten Eindruck. Intelligente Zuschauer finden polemisches Gepolter bestenfalls amüsant, schlechtestenfalls lächerlich. Bleiben Sie Ihren Argumenten treu und vertreten Sie diese nachdrücklich aber freundlich. Manchmal geht es in Talksendungen hoch her. Die Gäste lassen einander nicht aussprechen oder alle reden gleichzeitig. Für die Zuschauer sind das unerquickliche Momente. Verstehen können sie nämlich in solchen Momenten gar nichts mehr. Wer davon genervt ist, drückt schnell auf die Fernbedienung und wechselt das Programm. Es ist die Aufgabe der Moderation, das Gespräch fair und verständlich in Gang zu halten. Das ist nicht immer einfach, denn schließlich muss der Moderator wie ein Zirkusdompteur die wilden Tiere in der Arena im Zaum halten und darf dabei die Leichtigkeit der Unterhaltung nicht zu kurz kommen lassen.

Bleiben Sie Ihren Argumenten treu und vertreten Sie diese nachdrücklich aber freundlich.

Der Begriff „Show“ im Ausdruck „Talkshow“ wird von den Fernsehmachern hochgeschätzt. Wenn Sie den Eindruck haben, dass Sie dennoch zu oft unterbrochen oder überbrüllt werden, müssen Sie sich wehren. Das beste Mittel ist immer noch Ihre eigene Ruhe und Höflichkeit. Lassen Sie sich auf keinen Fall vom aggressiven Ton anderer anstecken. Fordern Sie höflich, aber deutlich, dass Sie zu Ende sprechen möchten. Sie können kleine Pfeile abschießen, die Ihr Gegenüber in die Schranken verweist, z. B. „Ich würde mich freuen, wenn Sie meine Argumente anhören würden, anderenfalls macht so eine Diskussion doch gar keinen Sinn." Aufgebrachter Protest hingegen und verbales Überreagieren wirken rasch inkompetent, sogar wenn Sie in der Sache recht haben und Ihre Fakten stimmen.

Auf Beweisunterlagen jeglicher Art sollten Sie verzichten. Die Kameras können diese „Beweise" vermutlich nicht einfangen und dem Zuschauer verständlich machen. Eine kleine Karteikarte, auf der Sie konkrete Zahlen notiert haben, ist als Gedankenstütze ein gutes Hilfsmittel, um die eigene Aussage sachlich korrekt zu untermauern.

Ebenfalls verzichten Sie besser auf jegliche Form der Belehrung und Abwertung. Auch das kommt beim Zuschauer nicht gut an. Formulierungen wie „Ich will Ihnen mal verraten, wie es wirklich ist" oder „Sie reden Blödsinn und haben keine Ahnung" gehören in diese Kategorie. Überlegen Sie, wie Sie selbst auf solche Äußerungen reagieren. Hand aufs Herz, wir fanden das doch schon als Kinder blöd, wenn Lehrer oder Eltern so mit uns gesprochen haben.

Je spannender die Diskussion verläuft umso schwerer hat es der Moderator, die Sendung zu beenden. Manchmal muss aus Zeitgründen abrupt abgebrochen werden. Manchmal bietet sich gerade zum Ende hin die Gelegenheit für eine zusammenfassende Schlussrunde. Die Gäste dürfen ein persönliches Fazit ziehen, einen Zukunftswunsch äußern oder eine politische Forderung formulieren. Dieser Moment kann magisch sein. Hier bietet sich nämlich die Möglichkeit, noch einmal geschickt die wichtigste Kernbotschaft zu platzieren, das schlagkräftigste Argument zu wiederholen und/oder einen dringlichen Appell zu formulieren.

Ein Praxistipp: Schon bevor die Sendung beginnt, sollten Sie wissen, was Sie in diesem Augenblick sagen möchten. Das zuletzt Gesagte bleibt den Zuschauern am stärksten in Erinnerung. Es wäre geradezu schade, die Chance auf ein eindrückliches Schlusswort ungenutzt zu lassen.

Goldene Regeln für Talkshows

- Reden Sie mit dem Journalisten oder Moderator. Schauen Sie die Gesprächspartner an und NICHT direkt in die Kamera. Einzige Ausnahme, wenn Sie „dazu geschaltet" werden, also nicht im gleichen Studio sitzen.
- Immer aktiv zuhören und präsent sein. Ihre Reaktion kann jederzeit von der Kamera eingefangen werden und für alle Zuschauer sichtbar sein.
- Antworten Sie auf die Fragen. Vermeiden Sie einen Einstieg wie:
  „Zunächst einmal möchte ich mich bei XY bedanken". Kommen Sie gleich zum Punkt.
- Kernbotschaften schnell vorbringen. Keine langatmigen Einleitungen. Wichtige Gedanken immer wieder in anderen Formulierungen wiederholen.
- Gegenargumente antizipieren. (Was sage ich, wenn ...?)
- Aktiv an der Diskussion beteiligen, nicht warten, bis das Wort erteilt wird. Aber nicht unterbrechen, sondern andere ausreden lassen.
- Dem Moderator unbedingt dezent signalisieren, wenn Sie zur laufenden Diskussion etwas beisteuern möchten.
- Sich selbst nicht unterbrechen lassen, doch dabei nicht schulmeistern „Sie lassen mich nicht ausreden". Besser selbstbewusst und freundlich reagieren. („Ich möchte meinen Gedanken bitte noch zu Ende bringen.")
- Verständnis für andere Sichtweisen signalisieren. Aber in der eigenen Sache klar bleiben.
- Niemals Personen angreifen oder kritisieren, nur deren Argumente und Sichtweisen.
- Schwache Argumente sofort entlarven und eigene stärkere dagegensetzen.

Und überlegen Sie vorher genau, wem Sie was in welcher Situation sagen möchten.

Wenn Sie eine Frage nicht beantworten können oder wollen, müssen Sie das schließlich nicht. Bringen Sie Ihre Begründung genauso ruhig und souverän vor wie Ihre vorbereiteten Kernbotschaften. Ein Punkt, zu dem Sie sich nicht äußern möchten, ist noch lange kein Grund sich aus dem Konzept bringen zu lassen. Mögliche Reaktionen wären z. B. „Über diese Frage müsste ich spekulieren, und das ist nicht meine Art“ oder „Diese Fakten kenne ich nicht, deshalb kann ich dazu verständlicherweise auch nicht Stellung nehmen.“

9. Kapitel

Wie fragen Journalisten?

Mal klar, mal listig, mal blöd, mal schlau!

Das ist ihr Job. Die richtige Frage zum richtigen Zeitpunkt – daraus entstehen gute Geschichten. Oder Geschichte. Die richtige Antwort zum richtigen Zeitpunkt kann die Welt verändern. Selbst wenn das unabsichtlich nebenbei geschieht.

So geschehen am 9. November 1989 als Günter Schabowski auf der Pressekonferenz des SED-Politbüros von den neuen Reiseregelungen der DDR berichtete. Die naheliegende Frage eines Journalisten, ab wann das gälte, beantwortete der Politiker stammelnd: „Das tritt nach meiner Kenntnis – ist das sofort."

Gesagt, gehört über die Grenzen marschiert. Über Nacht war das Ende eines Staates eingeläutet und zugleich die Ära des Kalten Krieges beendet.

Worte sind mächtig!

Immer gibt es ein klares Ziel beim Frage-Antwort-Dialog. Der Journalist fragt stellvertretend für seine Kunden, die Leser, Hörer oder Zuschauer. In seltenen Fällen nutzen Journalisten ein Interview, um sich selbst zu profilieren, was allerdings meistens in die Hose geht. Mit seinem penetranten Nachfragen bei der Linken-Politikerin Sahra Wagenknecht im Januar 2014 handelte sich Markus Lanz sogar eine Online-Petition gegen seine Fernsehpräsenz ein.

Ein Schnitzer mit so drastischen Folgen gehört allerdings zur Ausnahme im Informationsgeschäft. Im Allgemeinen gilt: klare Fragen, deutliches Nachbohren, aber respektvoller Umgang. Frank Plasberg hat mit dieser Maxime seine Sendung betitelt, „hart, aber fair".

Unterschieden wird zwischen Interviews zur Sache und Interviews zur Person. Fakten und Meinungen werden erfragt und hinterfragt. Achtung, das ist ein deutlicher Unterschied! Dabei können Themen sachlich, suggestiv oder gleich kontrovers angesprochen werden.

Doch egal wie, bleiben Sie bei der Wahrheit. Lügen, auch Notlügen, haben in den Medien noch kürzere Beine als im richtigen Leben, und können katastrophale Folgen haben. Der Nachwuchsstar und politische Hoffnungsträger der CDU/CSU, Karl-Theodor zu Guttenberg, kann davon nicht nur ein Lied, sondern gleich eine ganze Oper singen. Wenn er der Öffentlichkeit zu Beginn der Affäre um seinen Doktortitel im Februar 2011 gleich reinen Wein über die Entstehung seiner Dissertation eingeschenkt hätte, hätte sein Leben vermutlich einen anderen Lauf genommen. So musste er nicht nur als Bundesverteidigungsminister zurücktreten und die Hoffnung auf eine langjährige Karriere als Spitzenpolitiker begraben. Zum Schutz der eigenen Person und der Familie entschied er sich auszuwandern.

Dass die öffentliche Lüge des früheren amerikanischen Präsidenten Bill Clinton ihn weder Amt noch Kopf und Kragen gekostet haben, kann fast als 8. Weltwunder betrachtet werden. Am 26. Januar 1998 hatte er auf einer Pressekonferenz – freiwillig – bekannt gegeben: „I did not have sexual relation with that woman, Miss Lewinsky". Geglaubt hatte ihm niemand. Deshalb recherchierten die amerikanischen Journalisten so lange, bis die Wahrheit ans Licht kam, inklusive pikanter intimer Details.

Auch die Gestaltung einer Antwort beeinflusst den Frageprozess.

Mit Skandalstories landen Sie zwar unter Garantie in den Schlagzeilen. Ob das aber der eigenen Person und dem eigenen Anliegen dienlich ist, sollte gründlich bedacht werden.

Nur wer Fragen stellt, erhält Antworten. Deshalb gehört das Fragen zum Grundhandwerkszeug der Journalisten. Nach der Recherche zur Sache und zur Person plant der Medienvertreter genau, was er von Ihnen hören möchte und mit welchen Fragen er dieses Ziel erreichen kann. Einem Teil der Erkundigungen werden strategische Überlegungen vorausgehen, einem anderen Teil eher Intuition. Journalisten verfügen im Allgemeinen über ein gutes Gespür für die Sache. Sie fühlen, wo der Hase im Pfeffer liegt, wo spannende Geschichten lauern, welche Informationen besondere Relevanz haben. Deshalb wäre es naiv anzunehmen, dass alle inhaltsbezogenen Fragen ausschließlich auf substanzielle Informationen ausgerichtet sind. Erkundigungen nach der Unternehmensgeschichte, dem ehrenamtlichen Engagement eines Politikers oder den Erfolgen eines Verbandes können aus rein taktischen Gründen gestellt werden. Solche instrumentellen Fragen dienen der Vertrauensbildung, der Gesprächssteuerung oder der Aktivierung des Befragten. Man könnte sie als Weichspüler bezeichnen. Wir alle verwenden in unserer Alltagskommunikation solche Weichspüler. Kinder beispielsweise sind wahre Meister darin.

„Lieber Papa, hast Du noch Bauchweh?“

„Ja, aber das wird schon vorübergehen.“

„Wenn man Bauchweh hat, darf man keine Schokolade essen, oder?“

„Nein, natürlich nicht.“

„Papa, ist es nicht eigentlich ungerecht, wenn einer was nicht darf, dass dann alle anderen auch nicht dürfen?“

„Wie meinst Du das?“

„Na ja, wenn Du keine Schokolade essen darfst, heißt das dann, dass ich auch keine Schokolade essen darf?“

Papa lacht. „Möchtest Du denn ein Stückchen Schokolade?“

„Mhm.“

„Na, dann hol’ Dir mal ein Stück.“

Vier harmlose Fragen führten zur Beute.

Niemand würde dem Kind eine böse Absicht unterstellen, nur weil es diesen vielversprechenden Weg gewählt hat, um sein Ziel zu erreichen. Im Gegenteil, vermutlich ist der Vater sogar noch stolz auf das gewiefte Verhandlungsgeschick des Sprösslings.

Dieser Sinn für das Weichspülen des Gegenübers spielt während der Interviewführung eine große Rolle. Wer richtig fragt, lenkt das Gespräch und kitzelt möglicherweise Aussagen heraus, die die Person von sich aus nicht gemacht hätte. Aus dem Bauch heraus sprechen Journalisten ein Thema so oder so an und lenken damit den Informationsfluss. Die unterschiedlichen Möglichkeiten, etwas zu erfahren, sind ihnen dabei stets präsent, ohne bewusst darüber nachzudenken, welche Fragetechnik gerade angewendet wird.

Wichtig für alle Befragten ist dabei folgende Erkenntnis: Auch die Gestaltung einer Antwort beeinflusst den Frageprozess. Der Interviewer will einen bestimmten Pfad einschlagen. Aber Sie selber können die Richtung mitbestimmen. Je nachdem, wie Sie Ihre Äußerungen verpacken, steuern Sie die fragende Person. Sie können zum Nachfragen ermuntern, die Aufmerksamkeit auf neue Fakten lenken oder deutlich machen, zu welchen Punkten Sie auskunftsbereit sind und zu welchen nicht. Viele rhetorische Mittel haben eine starke Wirkung, dabei sind die Grenzen zur Manipulation unscharf. Da das aber für Interviewer und Befragten gleichermaßen gilt, ist es nur wünschenswert, das verbal mit gleichen Mitteln gerungen werden kann.

Fragen über Fragen

Was? Wann? Wo? Wer? Wie?
Das sind die journalistischen Grundfragen, die in jeder Berichterstattung erklärt werden müssen. Nachrichtentexte basieren auf diesen „fünf Fragezeichen“. Dabei geht es zunächst einmal um die Klärung der Fakten. Wenn es zu einer Interviewanfrage kommt, liegen diese Fakten meist längst auf dem Tisch. Im Interview geht es um Hintergrundinformationen und sehr oft um individuelle Einschätzungen.

Hier beginnen die Hauptfragen mit: Wieso? Weshalb? Warum?
Diese Kausalfrageadverbien werden heutzutage überwiegend als Synonyme verwendet. Dennoch unterscheiden sie sich ein wenig in der Zielrichtung.

„Wieso“ ergründet Entstehung und Ursache.
„Wieso müssen die Preise erhöht werden?“
„Weil die Rohstoffe teurer geworden sind.“

„Warum“ forscht nach Gründen und Motiven.
„Warum freuen Sie sich?“
„Weil wir mit unserer Arbeit Erfolg haben.“

„Weshalb“ erkundet den Zweck.
„Weshalb sollen die Steuern erhöht werden?“
„Weil die Schulden abgebaut werden sollen.“

Grundsätzlich können wir fünf verschiedene Fragetypen unterscheiden:

Geschlossene Fragen

Diese simple Frageform kommt einem Abfragen gleich. Oft sind Sie mit einem schlichten „Ja“ oder „Nein“ zu beantworten. Gewünscht wird eine präzise Auskunft.
„Wird die Bundesregierung die Mehrwertsteuer erhöhen?“
„Haben Sie letztes Jahr schwarze Zahlen geschrieben?“
„Wollen Sie diese Aktion wiederholen?“

Man kann als Befragter bejahen oder verneinen. Damit wäre das Ziel des Journalisten erreicht. Aber wer zwingt Sie denn dazu, es bei einem „Ja“ oder „Nein“ zu belassen? Solche geschlossenen Fragen bieten nämlich durchaus die Möglichkeit, ein gutes Argument, eine Kernbotschaft oder eine Meinung anzubringen. Wenn einzelne Reizwörter aus der Frage in der Antwort noch einmal aktiv wiederholt werden, kann das die Wirkung der eigenen Aussage sogar verstärken.

„Nein, wir erhöhen die Mehrwertsteuer in diesem Jahr nicht. Wir möchten die Bürger nicht noch weiter belasten.“
„Nein, wir haben letztes Jahr keine schwarzen Zahlen geschrieben, denn wir haben viel Geld in die verbesserte Ausstattung der Arbeitsplätze gesteckt.“
„Selbstverständlich werden wir diese Aktion wiederholen. Wir sind immer daran interessiert, unseren Kunden günstige Angebote zu unterbreiten.“

Mit etwas Glück führen solche Begründungen zu weiteren Fragen, die Ihnen die Gelegenheit bieten, mehr Hintergrundinformationen, Expertise und Argumente vorzubringen.
„Wie soll denn XY künftig finanziert werden?“
„Was haben Sie denn an den Arbeitsplätzen verändert?“
„Wann startet die nächste Aktion?“

Geschlossene Fragen können aber auch dazu dienen, Ihre Zustimmung oder Ablehnung einzuholen.
„Finden Sie das gut?“

„Soll das so gemacht werden?“
Auch in diesen Fällen steht es Ihnen frei, Ihr „Ja“ oder „Nein“ zu begründen.

Eine dritte Möglichkeit bieten geschlossene Fragen, die sich nach konkreten Informationen erkundigen.
„Woher kommen Sie?“ – „Aus Berlin.“
„Wann wird der Gesetzesentwurf fertig sein?“ – „In drei Monaten.“
„Was haben Sie gelernt?“ – „Ich bin studierter Jurist.“

Viele geschlossene Fragen nacheinander gestellt wirken wie ein Kreuzverhör. Doch auch hier haben Sie Spielraum für mehr als eine knappe Antwort.
„Ich komme aus Berlin. Deshalb kenne ich Infrastrukturprobleme großer Metropolen auch aus dem persönlichen Erleben.“
„Für den Gesetzesentwurf kalkulieren wir drei Monate. Wir möchten im Sinne der Bürger alle Punkte gründlich prüfen.“
„Ich bin Finanzbeamter und von daher in der gründlichen Überprüfung von Fakten geschult.“

Journalisten nutzen solche geschlossenen Fragen gerne, um einem längeren Gespräch Tempo und Dynamik zu verleihen. Oder am Ende eines Interviews, um Sie zu einer letzten griffigen Schlussaussage zu veranlassen. Kaum ein Journalist wird eine geschlossene Frage nach der anderen abfeuern. Mit lauter Ja- und Nein-Antworten und einigen korrekten Sachinformationen kann er in seiner Redaktion keinen Blumentopf gewinnen und wird künftig weniger berichten dürfen. Sehr viel erwünschter sind emotionale, hintergründige und radikale Antworten.

Offene Fragen

Mit diesem Fragetypus kann man Menschen zu wortreichen Ausführungen bewegen. Offene Fragen verwickeln den Gesprächspartner in ein offenes Gespräch, verführen aber auch zum schwatzen. Die Absicht des Interviewers ist nicht immer leicht zu erkennen. Informationen und Meinungen aller Art können eingeholt werden. Deshalb sind sie ein beliebtes Instrument der Vertrauensbildung. Häufig verführen sie zur Plauderei aus dem Nähkästchen. Geschulte Selbstdarsteller nutzen sie als Bühne, auf der sie dann Inhalt und Länge des Interviews bestimmen. Wenn dem Dampfplauderer der Hahn abgedreht werden soll, wird der Journalist schnell zu geschlossenen Fragen wechseln.

Was, wann, wo, wer, wie? Die fünf wichtigsten journalistischen Ws stehen häufig am Anfang der offenen Fragen. Manchmal reicht schon ein „Was ist da denn eigentlich passiert?", um einen sprudelnden Redestrom auszulösen.
Die big-five-Ws sind meist an der Sachebene interessiert. Das klingt harmlos, ist aber mit Vorsicht zu genießen. Wer solche W-Fragen beantwortet, muss wissen, dass er später auf diese Aussagen festgenagelt werden kann.
„Was ist mit dem Schwarzgeld passiert?"
„Wann wurde es ins Ausland gebracht?"
„Wo ist das Geld jetzt?"
„Wer war verantwortlich?"
„Wie wurde es dorthin gebracht?"

Solche Fragen vermitteln den Eindruck, als würde sie ein Staatsanwalt im Gerichtssaal stellen. Mancher Journalist fühlt sich mit dieser Attitude recht wohl. Und wehe, wenn die Antworten einer späteren Überprüfung nicht standhalten. Der Befragte muss unter Umständen noch jahrelang mit medialer Steinigung rechnen. Die Schwarzgeld-Affäre der CDU aus den 90er Jahren des letzten Jahrhunderts sei dafür ein warnendes Beispiel.

Offene Fragen sind jedoch nicht grundsätzlich gefährlich. Im Gegenteil. Die meisten bieten Ihnen Möglichkeiten, sich vorteilhaft zu präsentieren und für Ihre Produkte, Überzeugungen oder Forderungen einzustehen.
„Wie wollen Sie das Problem lösen?"
„Gibt es eine Alternative zu diesem Gesetz?"
„Was interessiert Sie an der Veränderung?"
„Inwiefern wäre den Menschen damit geholfen?"
„Spricht etwas dagegen?"
„Was denken Sie über ...?"

Mit jeder Antwort können Sie die Zügel in die Hand nehmen und bestimmen wohin die Reise geht. Mit Ihrer individuellen Argumentation und gezielter Auswahl Ihrer Kernbotschaften haben Sie die Chance, jene Dinge in den Vordergrund zu rücken, die für Sie eine besondere Rolle spielen. Sie sind den Fragen des Journalisten also keineswegs hilflos ausgeliefert. Häufig werden offene Fragen zum Gesprächseinstieg gewählt. Der Journalist lässt Sie erst einmal reden, weil er weiß, was Ihnen wichtig ist. Dann pickt er sich einen Punkt Ihrer Antwort heraus und nutzt diese als Sprungbrett zu einem heikleren Thema.

Alternativfragen

Hier handelt es sich um eine Mischform. Keine ganz offene, aber auch keine ganz geschlossene Art des Fragens. Diese Gattung bietet eine zarte und eine harte Variante. Verständnisfragen sind generell unproblematisch. Gleiches gilt, wenn echte Alternativen oder Vorlieben ausgelotet werden.
„Möchten Sie lieber ein schnelles oder ein komfortables Auto?"
„Geht es dabei eher um Menge oder Qualität?"
„Müssen wir das sofort machen oder kann es noch warten?"

Mit einer ehrlichen Antwort können Sie in den meisten Fällen nichts falsch machen. Diese Frageform ist allerdings auch ein beliebtes journalistisches Mittel zum drängenden Nachhaken.
„Sie reden immer vom Interesse der Bürger. Wofür soll das Geld denn nun ausgeben werden – für Bildung oder Gesundheit?"

Wer sich hier in der Antwort auf eine der Alternativen festlegt, provoziert unter Umständen ein weiteres unangenehmes Nachfragen.
„Aha, Geld für Bildung ist da. Ihnen liegt wohl nicht so sehr an der Gesundheit der Menschen?"

Diese Nachfrage enthält eine unfreundliche Unterstellung. Der Gesprächspartner soll in die Enge getrieben werden. Wer sich dagegen erst einmal wehren muss, hat sich bereits vom eigentlichen Thema ablenken lassen. Als aufmerksamer Interviewpartner müssen Sie aber nicht in diese Falle tappen. Denn es gibt immer kluge Kontermöglichkeiten.

„Bildung und Gesundheit sind beides Grundvoraussetzungen für ein selbstbestimmtes Leben. Wir tun sehr viel dafür, dass die Menschen eine gute medizinische Versorgung erhalten. Mein aktueller Auftrag ist es, dafür zu sorgen, dass Bildung ..."

Alternativfragen haben noch eine zweite taktische Funktion. Sie sind die journalistische Lieblingswaffe, wenn es um penetrantes Insistieren geht. Wer den Gesprächspartner partout nicht ohne konkrete Aussage entlassen will, fragt irgendwann:
„Haben Sie nun oder haben Sie nicht?"

Dabei spielt es keine Rolle, ob es um Steuerhinterziehung, Sex, oder Verrat geht. Einer derart zugespitzten Frage ist nur schwer zu entkommen.

Suggestivfragen

Fragen, die dem Gegenüber von vornherein eine bestimmte Antwort in den Mund legen wollen, erzeugen bei der Mehrheit der Menschen Widerwillen. Das ist verständlich, auch wenn Suggestivfragen nicht per se unfair sind. Eigentlich zeugen sie eher von mangelnder Kenntnis oder Hilflosigkeit, denn sie sind rasch zu identifizieren und leicht zu durchschauen.
„Sie stimmen mir sicher zu, dass die Einkommensverteilung ungerecht ist?"
„Sind Sie als Arzt nicht der verlängerte Arm der Pharmaindustrie?"

Das Mittel der Abwehr ist ein deutliches NEIN, untermauert von einem überzeugenden Argument, das in den Kontext der Frage passt.
„Nein. Denn hier geht es gar nicht um die Einkommensverteilung, sondern ..."
„Nein. Als Arzt stehe ich in erster Linie Menschen helfend zur Seite."

Gerne werden Suggestivfragen auch in Fragekombinationen gestellt.
„Werden alle Ihre Reisen von Spendengeldern finanziert? Ist das wirklich im Sinne der Spender?"

Hier muss zunächst auf die erste Frage eingegangen werden. Sie müssen aufklären, ob die Reisen tatsächlich von Spendengeldern bezahlt werden. Vermutlich gibt es ein Budget für notwendige Fahrtkosten zu wichtigen Anlässen. Nennen Sie ein konkretes Beispiel und erklären Notwendigkeit und Sinn der Reise. Diese Auskunft kann gleichzeitig die Begründung sein, weshalb die Ausgabe auch im Sinne der Spender erfolgt.
„Wenn das Ziel der Reise darin besteht, über unseren Verein zu informieren und neue Spender zu gewinnen, dürfen wir laut Statuten selbstverständlich Fahrt- und Übernachtungskosten abrechnen."

Auch Plattformfragen können Suggestivcharakter haben. Zunächst wird eine Annahme als Tatsache formuliert und darauf aufbauend weitergefragt.
„Hilfsorganisationen können in der 3. Welt nur schwerlich den eigenen Geldfluss kontrollieren.
Was tun Sie dagegen, dass sich niemand Geld in die eigene Tasche steckt?"

Wer hier inhaltlich antwortet, akzeptiert die Unterstellung, dass der Geldfluss nicht zu kontrollieren sei. Mit einem klaren Dementi des ersten Satzes können Sie das umgehen.
„Die Kontrolle des Geldflusses ist für uns obligatorisch und wird nach transparenten Regeln regelmäßig durchgeführt. So bekämen wir schnell Wind davon, wenn Gelder veruntreut würden."

Eine weitere Methode, mit der Sie sich im Interview stark positionieren können, ist die Gegenfrage. Darauf sind Journalisten meist nicht vorbereitet. Im obigen Beispiel könnte der Konter lauten:
„Wie kommen Sie darauf, dass der Geldfluss nicht zu kontrollieren ist?"

Häufig reicht schon ein simples „Wie kommen Sie darauf?"
Das bringt den Journalisten in Erklärungsdruck. Entweder enthüllen Sie damit, dass er nur im Trüben gefischt hat. Oder er muss jetzt konkrete Details seiner Hintergrundrecherche preisgeben.

Ein eindrucksvolles Beispiel für eine gelungene Gegenfrage gab es im Januar 2012 zu erleben. Bettina Schausten, Leiterin des ZDF-

Hauptstadtstudios, interviewte den damaligen Bundespräsidenten Christian Wulff zu möglichen gesponserten Ferienaufenthalten.
Wulff: „Da erhebe ich auch keine Rechnung, wenn mich die Freunde hier in Berlin besuchen."
Schausten: „Hm, aber da hätten Sie natürlich auch sagen können: ‚Ich geb' euch mal pro Nacht 150 Euro!'. Was spricht eigentlich dagegen?"
Wulff: „Machen Sie das bei Ihren Freunden so?"
Schausten: „Ja!"
Wulff: „Dann unterscheidet Sie das von mir in dem Umgang mit den Freunden."

Und schon hatte der Bundespräsident einen Volltreffer gelandet. Der mediale Shitstorm aus Häme und Besserwisserei, den die Journalistin in den folgenden Tagen ertragen musste, übertönte zuweilen die Berichterstattung über das Handeln von Christian Wulff selbst.

Aus diesem Vorfall sollten Sie allerdings keinesfalls den Schluss ziehen, dass es in jedem Fall ratsam ist, den Interviewer bloßzustellen. Denn daraus können schnell Nachteile entstehen. Zum Freund machen Sie sich Ihr Gegenüber damit sowieso nicht und werden folglich künftig wohl kaum auf Schonung hoffen dürfen. Journalisten sind eben auch Menschen mit Gefühlen, die sich um Ruf und Ansehen sorgen.

Trotzdem sollten Sie in gewissen Situationen abwägen, ob eine Gegenfrage sinnvoll ist. Eine Antwort lässt sich damit umgehen und der nächste Schritt im Gespräch wird blockiert. Es ist ein gutes Abwehrinstrument, wenn man unfair in die Enge getrieben wird. Mit der Gegenfrage kann man auch die innere, vielleicht überkritische oder zu selbstsichere Haltung des Fragenden enthüllen.

Zurück zu den Interviewtechniken. Es gibt noch weitere, deren Analyse lohnt. Klassische kritische Fragen beispielsweise, hier in Gestalt einer Alternativfrage.

„Ein Vorstandsposten ist in Ihrem Unternehmen unbesetzt.
Finden Sie niemanden oder ist der Job nicht so wichtig?"

Vergleichsfragen
„Warum machen Sie es nicht genauso wie die Konkurrenz oder sogar besser?"

Oder Psychologisierende Fragen
„Ist es Ihnen eigentlich egal, dass in Afghanistan Zivilisten sterben?"

Hinter solchen Formulierungen stecken Vorhaltungen. Der Journalist spielt auf Inkompetenz, Nachlässigkeit, Fehler, mangelnde Erfahrung, Übersicht oder Verständnis an. So ein verkleideter Angriff kann den Gesprächspartner sichtlich provozieren. Und das soll er auch. Reagieren Sie deshalb extra freundlich und stets sachlich. Nehmen Sie die Frage auf der Faktenebene ernst. Aber wenn es Ihnen zu bunt wird, kann ein kleiner Einwurf Ihrerseits helfen, den Journalisten ebenfalls in die Sachlichkeit zurückzuführen.

Bleiben Sie dabei locker und unverkrampft und geben Sie Ihrer Bemerkung einen humorvollen Anstrich.
„Das ist ja um die Ecke gefragt."
„Sie haben ja Vorstellungen, wie es in der Wirtschaft zugeht."

Sie können auch deutlich, aber höflich protestieren.
„Meine persönlichen Gefühle spielen in dieser Frage leider keine Rolle und sind auch nicht Gegenstand unseres Gesprächs."

Aber immer dann, wenn es um menschliches Leid geht, also um Krankheit, Armut, Hunger, Bedrohung oder Verlust, ist ein ernstgemeintes mitfühlendes Wort angebracht. Und zwar sofort zu Beginn des Interviews, damit die Frage, ob Ihnen das Leid egal ist, gar nicht erst gestellt werden kann.

Journalisten spielen auch gerne das Was-wäre-wenn-Spiel. Eine hypothetische Situation wird kreiert und Sie sollen darauf antworten. Ziel ist es, mehr über Sie, Ihre Motive oder Vorlieben herauszubekommen.
„Welches Gesetz würden Sie als Erstes ändern, wenn Sie morgen Bundeskanzler wären?"

„Wie würden Sie sich verhalten, wenn Sie Schwarzgeld erben würden?"
„Wenn Sie diese Krankheit hätten, würden Sie sich dann operieren lassen?"

Das kann nettes Geplänkel sein oder der Versuch, Sie aufs Glatteis zu führen. Sie können darauf antworten, sofern Sie selbst den Konjunktiv wählen:
„Ich würde vermutlich". Aber Sie müssen nicht.

Hier einige passende Ausweichmanöver:
„Das ist mir zu hypothetisch. Das kann ich so nicht sagen."
„So eine Frage kann sicher nur beantworten, wer das selbst erlebt hat."

Sie können den Ball auch an den Interviewer zurückgeben und seine Absicht aufdecken.
„Das Beispiel ist an den Haaren herbeigezogen. Ich verstehe nicht, was Sie damit bezwecken."

Der Konjunktiv verdient noch ein paar weitere Anmerkungen. Als Fragetechnik eingesetzt soll er Sie nämlich möglicherweise aus dem Feld der Reserve in das Reich der Bewertungen locken.
„Könnte es sein, dass ...", „Wie würden Sie es finden, wenn ...", „Wie wäre das Ihrer Meinung nach zu beurteilen?"

Spielen wir so einen Fall hypothetisch durch.
Journalist: „Immer wieder ist von Korruptionsfällen beim Internationalen Olympischen Komitee zu hören. Könnten Sie es trotzdem vertreten, dass die Spiele in Deutschland stattfänden?"
Minister: „Natürlich will Deutschland kein korruptes System unterstützen. Aber ..."
Der Innenminister nimmt sich ausführlich Zeit, die Kontrollmechanismen gegen Korruption in Deutschland zu erläutern und schildert in schillernden Farben die Vorteile, die das Land durch die Spiele hätte. Deshalb staunt er nicht schlecht, wenn ihn am nächsten Tag folgende Schlagzeile aus der Morgenzeitung anspringt:

Wegen der Korruptionsfälle beim IOC
Minister gegen Olympia

Ein anderes Beispiel:
Journalist: „In den Kopfschmerztabletten von Ihrem Konkurrenzunternehmen sollen Giftstoffe enthalten sein. Könnte das bei all den vielen Kontrollen, die wir hierzulande haben, überhaupt sein?"

Eine kluge Antwort darauf verzichtet auf Spekulationen, nutzt aber die Frage, um eine eigene Kernbotschaft zu platzieren.
Unternehmer: „Ich kenne die konkreten Analyseergebnisse nicht. Wir machen es bei uns aus Sicherheitsgründen mit den Kontrollen so ..."

Oft fragen Journalisten auch direkt nach Gefühlen. Denn sie wissen, dass der menschliche Aspekt für Leser oder Zuschauer stets von besonderem Interesse ist.
„Wie haben Sie sich gefühlt, als Sie diese Entscheidung getroffen haben?"
„Was haben Sie gefühlt, als Sie von dem Wahlergebnis gehört haben?"
„Was empfinden Sie, wenn Sie solche Bilder sehen?"
„Welche Gedanken kommen Ihnen, wenn Sie das in der Zeitung lesen?"

Das alles sind psychologisierende Fragen. Immer wenn emotionale Aspekte angesprochen werden, kann das der Versuch einer Manipulation sein. Denn wer auf diese Fragen etwas sehr Persönliches preisgibt, muss damit rechnen, später darauf festgenagelt zu werden. Eventuell sollen Sie auch in Widersprüche verwickelt werden.
„Aber Sie haben doch vorhin gesagt, Sie finden es ganz schrecklich, wenn ..."

Wer aufrichtig, authentisch und besonnen antwortet läuft weniger Gefahr, dass ihm später ein Strick aus einer vorherigen Antwort gedreht wird.
Alternativ zu klaren Fragen bringen Journalisten manchmal auch Fakten oder Einschätzungen vor und hören genau zu, wie Sie darauf regieren.
„Das stand aber bis 2010 wortwörtlich im Gesetz."
„Die dafür nötigen Fördermittelmittel bekommen AGs nicht."

Die meisten Befragten fühlen sich dann bemüßigt, mit einem raschen „Ja, aber ...“ zu antworten. Und schon hat der Journalist Sie genau da, wo er Sie haben möchte, in der Defensive. Denn solche Antworten haben stets den Anschein, Sie wollten sich entschuldigen, selbst wenn Sie sich gar nichts haben zu Schulden kommen lassen.

Weshalb wird so gefragt? Indem der Journalist seinen Interviewpartner in die Enge treibt, hinterlässt er einen starken Eindruck. Ohne gründliche Gesprächsanalyse seitens der Leser oder Hörer entsteht das Gefühl, dass der Journalist sehr genau weiß, wovon er spricht und sich beispielsweise von einem Politiker kein X für ein U vormachen lässt. Medienkonsumenten erleben den Journalisten hier als eine Art Anwalt, der ihre Interessen vertritt. Und das ist gut für Kundenbeziehung und -bindung.

Wenn Sie früher schon einmal interviewt worden sind und zwischenzeitlich in der Sache Ihre Meinung geändert haben, dann sollten Sie dies gut begründen können. Engagierte Journalisten graben nämlich gern in Archiven, fischen Ihre frühere Aussage hervor und halten Ihnen diese unter die Nase. All das gehört zum normalen Handwerkszeug.

Aber es gibt auch unsachliche Varianten bei Interviews. Zum Beispiel Kommentare des Pressevertreters im Laufe eines längeren Gesprächs:
„Eine Behauptung wird durch Wiederholung noch kein Beweis.“

Solche Bemerkungen haben schon beinahe etwas Biestiges. Und in der Tat hat man bei manchem Interview den Eindruck, dass sich zwischen den Gesprächspartnern ein verbales Duell anbahnt. Lassen Sie sich nicht dazu verführen. Wehren Sie sich gegen Unfairness, aber betrachten Sie den Journalisten nicht als realen Gegner. Lassen Sie sich auf keinen Fall auf einen echten Kampf ein. Versuchen Sie nicht, recht zu haben oder den Journalisten zu übertrumpfen. Selbst wenn Sie sich persönlich angegriffen fühlen, sollten Sie einen kühlen Kopf bewahren und immer wieder auf das sichere Terrain der Sachebene zurückkommen.

Reporter und Moderatoren fühlen sich in so einem Zweikampf häufig überlegen. Sie haben auch mehr Erfahrung damit. Sie zählen auf die Unterstützung ihrer Redaktion und im Extremfall auf die Macht der Technik. Ein Livemoderator beispielsweise weiß genau, wie viel Zeit er für den Schlagabtausch opfern kann. Außerdem sitzt er am längeren Hebel. Er kann das Interview unvermutet abbrechen oder beendet es mit einer Schlussfrage, die Sie in einem negativen Licht erscheinen lässt.

In Live-Sendungen können beispielsweise noch einmal alle brenzligen Punkte zusammengefasst werden und Sie erhalten keine Gelegenheit mehr, dazu Stellung zu beziehen. Oder der Moderator dankt unvermittelt für das Gespräch, feuert aber noch einen bissigen Kommentar ab. Das alles sorgt dafür, dass beim Zuhörer ein schlechter Beigeschmack hängen bleibt.

Dennoch müssen Sie nicht zwingend ungeschützt in so einer Interviewsituation untergehen. Deshalb hier einige Vorschläge für den Notfall: Abfangformulierungen, als Vorlage für gelungene Repliken auf jede Art von unredlichem journalistischem Gebaren. Anzuwenden nur, wenn es wirklich nicht anders geht!

Gegenfrage mit persönlicher Betroffenheit:
„Glauben Sie wirklich, dass es mir Spaß macht, tausend Mitarbeiter zu entlassen?“
„Sie denken ja wohl, ich interessiere mich nicht für die Menschen sondern sitze nur zu Hause und zähle mein Geld.“

Gegenfrage auf persönlicher Ebene:
„Welche Art von Beweis würde denn in Ihren Augen Gnade finden?“
„Läuft das unter Journalisten anders?“
„Sind Sie davon persönlich betroffen?

Parade mit Themenwechsel:
„Eine wichtige Frage, weil wir wissen, dass ...“
„Ein interessanter Gedanke. Wichtiger ist aber noch ...“

Frage interpretieren:
„Ihre Frage bezieht sich vermutlich auf ... Dazu folgendes ..."

Frage ersetzen:
„Ihre Frage streift das Thema nur. Im Vordergrund steht die Frage ob ..."

Frage höflich ignorieren:
„Diese Frage geht am Kern der Sache vorbei. Hier muss ich erwähnen, dass ..."

Frage theoretisieren:
„Recht theoretisch diese Frage. In der Praxis erleben wir etwas ganz anderes."

Frage bewerten:
„So ist die Frage zu abstrakt. Die Menschen möchten gerne wissen, wie ..."
„Sie sprechen mit Ihrer Frage ein völlig anderes Thema an. Hier geht es doch um ..."

Frage umlenken:
„Das wäre doch eher eine an Frage an ... Wir können von unserer Seite aus nur sagen, dass ..."

Nachfragen:
„Was verstehen Sie unter ...?"
„Wie meinen Sie das ...?"

Frage konkretisieren:
„Um was genau geht es Ihnen?"

Fragetechnik identifizieren:
„Sie wiederholen die gleiche Frage zum 3.Mal mit anderen Worten. Ich habe doch schon beschrieben, dass ..."

Kompetenz anzweifeln:
„Sie als Journalist müssten doch wissen, dass ..."
„Haben Sie in Ihrer Recherche vielleicht übersehen, dass ..."

Frageabsicht aufdecken:
„Was bezwecken Sie mit dieser Frage?"
„Sie unterstellen mir hier ..."
„Sie erwecken beim Zuhörer den Eindruck, dass ..."

Ungeschulte Interviewpartner lassen sich vom professionellen Auftritt eines Journalisten leicht beeindrucken und nehmen deshalb im Laufe des Interviews eine zu schwache, fast devote Position ein. Manchmal ist aber auch das genaue Gegenteil zu beobachten. Der Gesprächspartner fühlt sich wichtig und geradezu omnipotent. Durch die Medienanfrage und die daraus folgende öffentliche Aufmerksamkeit fühlt er sich geschmeichelt und ermuntert, nun erst recht den Zampano vorzuführen. Das kann Spaß machen, aber auch schmerzhafte Folgen haben. Denn erstens ziehen Journalisten bei solchen Kandidaten gleich ein paar knackige Fragetechniken aus ihrer Trickkiste und zweitens kann ein zu selbstbewusstes Auftreten beim Leser, Hörer oder Zuschauer schnell Skepsis und Ablehnung hervorrufen.

Deshalb ist selbst im Falle eines unsportlichen Angangs seitens des Journalisten von folgenden Formulierungen dringend abzuraten:
„Typisches Medienvorurteil!"
„Wissen Sie, ich mache das schon seit 50 Jahren. So lange sind Sie noch gar nicht auf der Welt."
„Können Sie mal anständig fragen."
„Drücke ich mich sprachlich für Sie zu intellektuell aus?"

Das alles kann pfiffig oder witzig gemeint sein, wird aber nicht unbedingt so aufgenommen.

Die Kunst eines guten Interviews besteht darin, sich den Weg des Gespräches mit den eigenen Antworten gezielt zu ebnen. Schaffen Sie Distanz zum Ansprechpartner, wenn Sie Fragen als unangenehm oder zu persönlich empfinden. Zeigen Sie deutlich Ihre Grenzen auf, aber verunglimpfen Sie Ihrerseits nicht den Fragesteller. Kalkulieren Sie vor einem Interview alle möglichen und auch alle denkbar unmöglichen Fragen ein und bereiten Sie Ihre Antworten vor. Antizipieren Sie mögliche Vorwürfe. Halten Sie

Ihre Kernbotschaften bereit, und üben Sie, diese geschickt bei möglichst vielen Fragen anzubringen. Trainieren Sie auch das Abwehren von Fragen, die Sie als unangemessen einstufen.

So gewappnet, brauchen Sie sich nicht vor Überraschungen zu fürchten, und werden merken, dass es Spaß machen kann, Medienvertretern souverän Rede und Antwort zu stehen.

Unfaire Fragen und Gesprächstechniken, die Sie in Antwortnot bringen, gehören nicht zum Medienalltag. Das sei hier ausdrücklich erwähnt. Das Gros der Journalisten fragt offen, fair und ernsthaft interessiert. Konsequentes Nachfragen gehört zum Handwerk. Nur in seltenen Fällen und nur, wenn es um wirklich brisante Themen geht, „nageln" Journalisten ihre Gesprächspartner. Das mag für den Betroffenen sehr unangenehm sein, kann aber auch für den Interviewer Folgen haben. Denn sofern solch ein Interview live geführt worden ist, kann die Art der Fragestellung selbst zum Gegenstand der Berichterstattung werden. Journalisten beäugen sich natürlich auch gegenseitig und haben keine Scheu davor, die Arbeitsweise der Kollegen zu kommentieren. In den schon erwähnten Sendekritiken von Spiegel-Online und anderen Medien geht es nicht nur um Inhalte und Gäste, sondern ebenso um die Leistung der Talkmaster.

10. Kapitel

Was sind Kernbotschaften und wie platziere ich sie?

Fakten, wohldosiert!

Im Medienkontakt geht es natürlich immer um konkrete Inhalte. Von vorn herein muss klar sein, welche Informationen in die Öffentlichkeit gehören, und aus welchen Gründen – und welche besser nicht und aus welchen Gründen. Eine deutliche Abgrenzung trägt maßgeblich zu einem gelungenen Medienauftritt bei. Wer vorher weiß, was er sagen möchte, macht einen kompetenten und vertrauenswürdigen Eindruck, weil ihm Aussagen und Argumente besser gelingen.

Wie wir etwas sagen, ist für Glaubwürdigkeit und Wirkung einer Aussage meist wichtiger, als das, was wir sagen.

Aber nur wer etwas zu sagen hat, sollte auch reden. Unsere Welt erstickt förmlich in einer Flut von Informationen. Die Deutschen sehen immer länger Fernsehen und nutzen immer häufiger das Internet. Die Aufnahmekapazität des menschlichen Gehirns bleibt aber verhältnismäßig konstant. Wer sich in dem großen Angebot „der Medien“ Gehör verschaffen will, muss sich folglich anstrengen.

Das menschliche Gehirn scannt sämtliche einströmende Reize und verlangt etwa alle drei Sekunden nach Abwechslung (Prof. Gerhard Roth, Neurobiologe an der Universität Bremen). Wenn das Gehirn gelangweilt ist, schaltet es ab oder wendet seine Aufmerksamkeit anderen Reizen zu.

Medienmacher sind sich dessen in jedem Arbeitsgang bewusst. Die Sorge vor mangelnder Aufmerksamkeit eint alle – auch diejenigen die interviewt werden.

Aus der Neurobiologie ist bekannt, dass unser Gehirn Informationen gern im 30-Sekunden-Rhythmus abarbeitet. Deshalb gilt für Interviewantworten folgende Regel: Die Aussagen sollten ca. eine halbe Minute lang sein – nicht viel länger, aber auch nicht viel kürzer.

In 30 Sekunden lässt sich übrigens eine Menge sagen. Die meisten Nachrichtenmeldungen, die in der ARD-Tagesschau verlesen werden, haben in etwa diese Länge. Auch Zitate in Zeitungsartikeln ziehen sich nur selten über fünf oder mehr Sätze hin.

In Talkshows wird den Gästen natürlich gelegentlich eine längere Sprechzeit gewährt. Nur so können Gedanken entwickelt, Meinungen begründet werden. Doch auch hier gibt es einen Messwert: Wenn jemand länger als drei Minuten spricht, fängt das Gehirn der Zuschauer an, sich mit anderen Fragen zu beschäftigen, z. B.:
Was trägt der für einen komischen Schlips?
Und wieso wackelt die ständig mit dem Fuß?
Der redet ja immer noch, was ist das denn für ein Quasselkopf?

Weil der Moderator um diese Ablenkungsversuchung weiß, wird er dem langatmigen Gast irgendwann ins Wort fallen und den Ball einem anderen Diskussionsteilnehmer zuspielen. Deshalb heißen die obersten Gebote hier:

1. Sprich kurz!
2. Sei nicht langweilig!
3. Emotionen sind erlaubt!
4. Sorge für Verständlichkeit!

Das 4. Gebot bezieht sich dabei sowohl auf die Wortwahl, den Satzbau, die logische Abfolge der Informationen, die Lautstärke und Artikulation der Stimme, Sprachrhythmus und Tempo als auch auf die körpersprachlichen Zusatzsignale. Auf all dies wird in den nächsten Kapiteln eingegangen.

Erfolgreiche Aussagen, die eine große mediale Wirkung erzielen sind:

- wahr,
- interessant,
- relevant,
- neu,
- verständlich,
- leicht zu behalten,
- erstaunlich, witzig, dramatisch, berührend (wenn möglich).

Wer es schafft, seine Botschaft mit einigen dieser Aspekte zu gestalten, wird mehr Aufmerksamkeit erzielen, besser verstanden und gern wieder zum Interview gebeten.

Journalisten mögen rhetorisch starke Gesprächspartner! Schließlich steigt damit die Chance, dass die eigene journalistische Arbeit öffentlich wahrgenommen und gewürdigt wird.

Denn Sie achten auf das Interesse Ihrer Zuhörer. Dies zu erkennen und zu befriedigen garantiert Aufmerksamkeit. In dieser Frage sitzen Sie mit dem Interviewer in einem Boot. Sie beide verfolgen das gleiche Ziel: Sie beide möchten die Menschen erreichen. Die Leser- oder Hörerschaft soll sich für das was gesagt wird interessieren, es verstehen und am besten am nächsten Tag mit den Arbeitskollegen darüber diskutieren.

Natürlich haben auch Sie ein eigenes Interesse und dürfen dieses in den Medien vertreten und wenn nötig auch verteidigen. Je sicherer Sie sich bewusst sind, was Sie sagen möchten, desto besser wird es gelingen. Dafür erarbeiten Sie im Medientraining mithilfe eines Profis Ihre Kernbotschaften. Das können einzelne plakative Sätze sein, verständliche Erklärungen von komplexen Sachverhalten, logische Argumentationsketten, anschauliche Beispiele und vieles mehr.

Gesucht werden stets konkrete, verständliche und wenn möglich bildhafte Formulierungen zu Ihrem Thema.

Checkliste zur Gestaltung wirksamer Kernbotschaften

- Was will ich sagen? (Inhalt)
- Warum will ich es sagen? (Motivation)
- Wem will ich es sagen? (Zielgruppe)
- Wo kann und wo will ich Prioritäten setzen?
- Was will ich bezwecken? (Ziel)
- Wie drücke ich es aus? (Sprache und Beispiele)
- Ist mein Statement verständlich? (Sprache und Logik)
- Sind meine Antworten zu kurz oder zu lang?

Wenn Sie auf all diese Fragen befriedigende Antworten finden, sind es nur noch ein paar Schritte zu prägnanten Kernbotschaften. Diese Statements können Sie variabel in allen Medien einsetzen. Im Fernsehen genauso wie im Telefoninterview, im Hintergrundgespräch und in jeder denkbaren Situation der Kommunikation im öffentlichen Raum. Also auch bei Konferenzen, Mitarbeitergesprächen und Vorträgen.

Bei diesen Kernbotschaften geht es um die Kunst des Weglassens, um die Konzentration auf das Wesentliche. Das Kurze und Einfache wird besser behalten. Amerikanische Kommunikationsprofis schwören daher auf den Kommunikations-Kuss: KISS – keep it stupid simple.

Auch das Ende muss stark sein, ein Abschluss, der in Erinnerung bleibt.

Einleitungen, Begrüßungen, Einordnungen – das alles mag in anderen Situationen seine Berechtigung haben. Nicht aber wenn es um Kernaussagen geht. Jedes Wort, das nicht zwingend für Klarheit und Eindeutigkeit sorgt, gehört in den sprachlichen Müllschlucker. Denn jedes Wort zu viel bedeutet Zeitverschwendung und Verwässerung des elementaren Grundgedankens.

Um das Wesentliche aus einem Berg von Informationen zu filtern, empfiehlt es sich, zunächst tatsächlich alles zu dem entsprechenden Thema aufzuschreiben. Dabei gesellen sich häufig schon einige Aspekte zueinander, Doppelungen oder Widersprüche tauchen auf. Deshalb wird im nächsten Schritt gefiltert und sortiert. Wo liegen die Schwerpunkte? Was hat Priorität?

Hilfreich ist hier der gute alte Zettelkasten. Sie können Karteikarten anlegen oder Stichworte auf Notizzetteln festhalten. Beides lässt sich problemlos auf dem Tisch zu Themenschwerpunkten gruppieren. Diese können je nach Wichtigkeitsgrad in weitere Unterpunkte gegliedert werden. Versuchen Sie ruhig, schon ganze Sätze zu formulieren. Dabei sollten komplizierte Vorgänge stets einfach erklärt werden. Wählen Sie anschauliche Beispiele und ersetzen Sie Fremdwörter und Fachausdrücke durch verständliche Begriffe.

Nach mehreren Durchgängen kristallisieren sich dann langsam brauchbare Ergebnisse heraus. Diskutieren Sie diese im Kollegenkreis oder mit Vertrauenspersonen und überprüfen Sie diese Aussagen immer wieder auf die schon beschriebenen Gebote, Fragen und Attribute. So sortieren, reinigen und schälen Sie die Informationen, bis Sie zum Kern gelangen. Diese Methode eignet sich für jedes Thema, unabhängig von einem speziellen Fachgebiet.

Als Beispiel seien hier einige Kernbotschaften genannt, die für dieses Buch stehen:

- Wer die Arbeitsweisen von Journalisten kennt, braucht keine Angst vor den Medien zu haben.
- Sprache und Stimme richtig eingesetzt, verschafft Ihnen Gehör und Verständnis.
- Für den ersten Eindruck gibt es keine zweite Chance.
- Eine gründliche Vorbereitung hilft gegen Lampenfieber.
- Körpersprache kennt keine Lügen.

Fünf kurze Sätze, die jeweils starke Aussagen über den Inhalt eines ganzen Kapitels machen. Solche Sätze klingen zwar zunächst ein wenig oberflächlich und keinesfalls differenziert, dennoch haben sie den großen Vorteil, dass sie verstanden werden und im Gedächtnis haften bleiben.

Natürlich können Sie in einem Interview nicht ausschließlich mit solchen Ein-Satz-Aussagen antworten. Deshalb geht es im zweiten Schritt um die Gestaltung und den Aufbau von Aussageketten. Gelungene Statements haben einen interessanten Einstieg, damit die Aufmerksamkeit geweckt wird oder die vorhandene Aufmerksamkeit nicht schwindet. Auch das Ende muss stark sein, ein Abschluss, der in Erinnerung bleibt. Die Amerikaner sprechen von der „message to remember". Zwischen Anfang und Schluss ist immer noch Platz für Sätze mit reinen Sachaussagen oder Beispiele aus der Praxis.

Probieren Sie aus, wie viele Informationen Sie in 30 Sekunden unterbringen können. Nicht ablesen, sondern sprechen! Und mit der Uhr die Zeit stoppen. Legen Sie sich im Kopf eine Kurzversion von ca. einer halben Minute zurecht. Überlegen Sie, welche zusätzlichen Informationen Sie geben möchten, wenn Ihnen eine ganze Minute Sprechzeit zur Verfügung steht oder sogar zwei oder drei. Jeder Inhalt bedarf dabei eines kleidsamen Gewandes. Sachverhalte sollten bildhaft beschrieben werden, sodass die Aussagen mit den „Ohren gesehen“ werden können. Gedanken, die in den Köpfen der Menschen zu bildlichen Vorstellungen werden, sind leichter zu erfassen. Deshalb haben Kernbotschaften, in denen kurze anschauliche Beispiele verpackt sind, eine ausgesprochen nachhaltige Wirkungskraft.

Nicht nur für Anfänger ist es eine beträchtliche Herausforderung solche Sätze spontan zu bilden. Aber genau das müssen Sie ja auch nicht. Sinn und Zweck der Checklisten bestehen gerade darin, dass die Überlegungen hierzu lange vor einem Interview stattgefunden haben. Diese in einer stressfreien Vorbereitungszeit gewonnenen Kernbotschaften sind gut, wenn sie Ihnen selber anschaulich und plausibel erscheinen. Und wenn Sie wirklich hinter diesen Aussagen stehen, werden sie in Ihrem Gedächtnis jederzeit abrufbar sein und locker über Ihre Lippen springen. Und zwar unabhängig davon, in welchem Kontext Sie danach gefragt werden. Je nach Situation, Medium, oder Zielgruppe können Sie diese elementaren Aussagen vorbringen, sie variieren und im Sprachjargon anpassen. Ein Expertenpublikum versteht Fachausdrücke genauso wie ein Fachjournalist und benötigt keine Erklärung. Allerdings wird sich auch niemand beklagen, wenn Fachbegriffe durch eine lebendige Ausdrucksweise ersetzt werden. Journalisten haben vor allem mit Akademikern, die im Umfeld der Universitäten arbeiten, ihre liebe Not. Viele sprechen ein solches Fachchinesisch, dass man am liebsten einen Dolmetscher engagieren möchte. Zum Interview eingeladen werden aber eher diejenigen, die sich verständlich ausdrücken können – und zwar für Jedermann. Komplexe Dinge verständlich darzustellen, ist eine hohe Kunst. Das Handwerkzeug dazu finden Sie in Kapitel 11 über Ausdruck und Sprache.

→ KAPITEL 11, Seite 88

Treffende und einprägsame Kernbotschaften lassen sich nicht aus dem Ärmel schütteln. Auch Kommunikationsprofis feilen daran. Aber diese Arbeit ist jede Mühe wert. Denn Publikum, Hörer und

Leser werden Sie verstehen. Ihre Botschaften haben deshalb die Chance zu überzeugen.

Kernbotschaften können übrigens auch vorgetragen werden, wenn gar nicht danach gefragt wurde. Vermeiden Sie es jedoch, die Journalistenfrage einfach zu ignorieren, um stattdessen die eigenen Gedanken abzuspulen. Bundeskanzlerin Angela Merkel macht das zum Leidwesen ganzer Generationen von Journalisten sehr gerne. Wer mag schon eine Kanzlerin ermahnen, doch bitte auf die gestellte Frage zu antworten.

Angenommen zu Ihren Kernbotschaften gehört folgender Satz:
„Wir sind ein soziales Unternehmen, in dem achtungsvoller Umgang mit den Mitarbeitern und eine gute Bezahlung selbstverständlich sind."

Leider fragt der Journalist nach etwas ganz anderem:
„Wie hoch waren Ihre Erlöse im vergangenen Jahr?"

Trotzdem können Sie in Ihrer Antwort Ihre Kernbotschaft unterbringen, sogar unabhängig davon, ob die Erlöse nun besonders hoch oder eher niedrig waren.

Hohe Erlöse:
„Wir konnten im vergangenen Jahr Erlöse von XY erzielen. Diese erfreuliche Zahl führen wir auch darauf zurück, dass wir ein besonders soziales Unternehmen sind, für das ein achtungsvoller Umgang miteinander und eine gute Bezahlung selbstverständlich sind. Wir sind überzeugt davon, dass dies die Motivation und Einsatzbereitschaft der Kollegen sehr positiv beeinflusst. Daher das gute Ergebnis."

Niedrige Erlöse:
„Wir konnten im vergangenen Jahr Erlöse von xy erzielen. Die vergleichsweise niedrige Zahl führen wir auch darauf zurück, dass wir ein besonders soziales Unternehmen sind, für das ein achtungsvoller Umgang miteinander und eine gute Bezahlung selbstverständlich ist. Uns ist die Zufriedenheit unserer Mitarbeiter mindestens so viel Wert wie der wirtschaftliche Erfolg."

Je nach Sprechtempo beanspruchen diese Aussagen zwischen 18 und 25 Sekunden. Also von der Länge her gerade recht für ein Zitat oder einen O-Ton. Die Frage wird direkt und konkret beantwortet. Ihre Kernbotschaft ist dennoch genannt, und zwar in der Begründung Ihrer Antwort. Selbst bei niedrigen Erlösen verlieren Sie so nicht Ihr Gesicht. Denn Sie werden kaum einen Journalisten, Leser oder Hörer finden, der es nicht sympathisch findet, dass das Mitarbeiterwohl in einem Unternehmen großgeschrieben wird.

Das unaufdringliche Anbringen von Kernbotschaften muss man natürlich üben. Hilfreich ist es, sich im Vorfeld alle denkbaren Fragen stellvertretend für den Journalisten zu überlegen. Und dann auszuprobieren, wie sich Kernbotschaften in die Antworten einbauen lassen.

Ein guter Medientrainer wird im Live-Training solche Kernbotschaften gemeinsam mit Ihnen erarbeiten und in der Simulation verschiedene Antwortmöglichkeiten finden.

11. Kapitel

Wie gehe ich mit Ausdruck und Sprache um?

Sorgfältig!
Journalisten haben während ihrer Ausbildung noch ein zweites Mal sprechen und schreiben gelernt. Aus diesem Grund sind ihre Aussagen wesentlich verständlicher als beispielsweise wissenschaftliche Abhandlungen. Deshalb werden sie auch von mehr Menschen gehört und gelesen. Diese „userfreudliche“ Form der Sprachverwendung kann durchaus als Vorbild für eine wirkungsvolle Kommunikation in der Öffentlichkeit dienen.

Folgende Situation wird Ihnen geläufig sein: Beste Freundinnen plaudern. Die eine sagt: „Und dann sie wieder, mit ihrem Fimmel.“ Und die andere fängt an zu lachen. Außenstehende haben keinen Schimmer, wovon die Rede ist. Die beiden Frauen sprechen im „Du-Bereich“ miteinander. Sie wissen vieles voneinander, teilen Erfahrungen, haben eine gemeinsame Geschichte, können vieles voraussetzen. Und wenn eine mal etwas nicht versteht, fragt sie flapsig: Häh? und bekommt ohne Komplikationen eine verständlichere Auskunft.

So funktioniert Kommunikation im „Sie-Bereich“ bekanntermaßen nicht! Weder am Arbeitsplatz noch bei Behörden oder im Supermarkt. Und erst recht nicht in der Welt der Medien. Hier möchten Sie ja nicht nur von vollkommen unbekannten Menschen in der Sache verstanden werden. Sie möchten auch einen guten Eindruck hinterlassen: sympathisch, kompetent und glaubwürdig. Deshalb ist es sinnvoll, sich vorab auch über die eigenen sprachlichen Ausdrucksmöglichkeiten und ihre Wirkungsweise Gedanken zu machen.

Die Deutsche Sprache besteht schätzungsweise aus 300.000 bis 500.000 Wörtern. So schreibt es jedenfalls der Duden, das Standardwerk zur deutschen Sprache. Alle Komposita (Baum-Schule-Baumschule) und Wortneuschöpfungen (Handy) sind in diesem Schätzwert enthalten.

Doch seit Anfang 2014 schauen die bislang unangefochtenen Lexikografen Deutschlands in ihrer Mannheimer Redaktionsstube ungläubig in Richtung Max-Planck-Institut für Psycholinguistik. Denn dort im niederländischen Nijmegen wurde das Digitale Wörterbuch der deutschen Sprache erstellt. In dieser Auflistung zählt das Deutsche sage und schreibe mehr als 5,3 Millionen Wörter. In den letzten hundert Jahren haben wir also erheblich dazugewonnen. Neue eigenständige Worte, Begriffe aus vielen Fachjargons, einverleibte Fremdwörter und Ableitungen wie z. B. das Verb googeln sorgen für ungeahnte Vielfalt. Von Verarmung der Sprache kann also keineswegs die Rede sein. Unverändert bleibt allerdings die ungefähre Anzahl der Begriffe, die wir auch benutzen. Sprachwissenschaftler unterscheiden zwischen dem aktiven und dem passiven Wortschatz. Der Aktive besteht aus all den Wörtern, die wir benutzen, der Passive aus denen, die wir verstehen – und das sind natürlich viele mehr.

15 Wörter pro Satz sind schon recht viel.

Der aktive Wortschatz eines deutschen Durchschnittssprechers wird heute auf 12.000 bis 16.000 Wörter geschätzt. Ungefähr 3.500 davon können Fremdwörter oder Anglizismen sein. Dennoch benutzen wir im Alltag je nach Bildungsgrad oft nur 3.000 oder 5.000 davon. Ohne Schwierigkeiten werden vermutlich um die 50.000 Wörter verstanden – aber eben nicht selber genutzt. Warum eigentlich nicht? Ein ungewöhnliches Wort schafft Aufmerksamkeit. Ein präziser Begriff spart kostbare Zeit, die sonst für langatmige Erklärung aufgebracht werden muss. Jedes Wort repräsentiert schließlich eine eigene gedankliche Vorstellung und ist Werkzeug unseres Denkens. Worte sind die Kleider unserer Gedanken. Der Sprachschatz eines Menschen wirkt deshalb auch wie ein Gradmesser seiner Intelligenz.

Der Sprachphilosoph Ludwig Wittgenstein (1889–1951) schrieb:
„Die Grenzen meiner Sprache sind die Grenzen meiner Welt!"
Warum also nicht die eigene Welt erweitern?

Vielleicht erscheint es Ihnen jetzt sinnvoll, mit dem Werkzeug der Sprachkompetenz Ihre Zuhörer, Zuschauer, Leser in Ihre Gedankenwelt einzuladen. Dann sollten Sie bei Äußerungen in den Medien immer daran denken, dass Sie vermutlich möglichst viele Bildungsschichten erreichen möchten.

Klar komponierte Formulierungen unterstützen den Eindruck von Intelligenz. Sachorientierte Wissenschaftler, die ausschließlich Fachbegriffe verwenden und jedes Detail korrekt beschreiben möchten, verlieren die Aufmerksamkeit eines breiten Publikums schnell.

Eine gute Balance zwischen Wortvielfalt und verständlichen Begriffen ist deshalb ratsam. Dabei geht es eben gerade nicht um den komplizierten Einsatz der Sprache. Im Gegenteil! Das Geheimnis liegt in der klugen Vereinfachung und der richtigen Wortwahl.

Schlagzeilen der Bild-Zeitung bieten dafür jede Menge Paradebeispiele. Ob einem diese Art Journalismus nun gefällt oder nicht. Phrasen wie „Wir sind Papst“ sind legendär. Und das zu recht. In seiner Einfachheit (und grammatikalischen Fehlerhaftigkeit) wurde mit drei Worten klar, welch enorme Bedeutung die Wahl des Deutschen Kardinal Ratzinger 2005 zum Oberhaupt der katholischen Kirche hatte – vor allem die emotionale Bedeutung! Information und Gefühl sind in dieser Zeile auf den Punkt gebracht. Ein Volltreffer!

Bringen Sie Ihre Gedanken also in klare Sätze. Dabei hilft die simple Grammatikregel Subjekt – Prädikat – Objekt. Vermeiden Sie Schachtelsätze und gebrauchen Sie Nebensätze nur wenn wirklich notwendig. 15 Wörter pro Satz sind schon recht viel. Ein Gedanke – ein Satz.

Solche kurzen Sätze lassen sich auch leichter merken. Das Buch, das Sie gerade lesen beherzigt diese Faustregel. Ist es Ihnen aufgefallen?

Einsparen kann man das eine oder andere Adjektiv. Die Deutsche Sprache ist aussagekräftig genug. Viele Beschreibungen wirken ohne Adjektive eindrucksvoller. Verben dagegen drücken Energie und Tatkraft aus. Unsere Muttersprache ist reich an Verben, die eine sehr konkrete Tätigkeit benennen. Für das Verb „gehen“ bieten sich unzählige Varianten, in denen immer eine besondere Bedeutung mitschwingt:

Bewegen, fortbewegen, bummeln, marschieren, schreiten, stelzen, schlurfen, trippeln, trapsen, umherirren, stromern, streunen, vorrücken, wandern, kommen, wandeln, ausschreiten, pilgern, losziehen, spazieren, promenieren, trotten, aufbrechen, aufmachen, schlendern.

Und all das sind nur langsame Fortbewegungsarten. Für das Grundverb „laufen“ lässt sich die Liste fortsetzen:

Eilen, jagen, traben, rennen, fliehen, flitzen, entlaufen, fortlaufen, hinlaufen, weglaufen, davonstieben, hetzen, hasten, sausen, stürzen, sputen, stürmen, pesen, preschen, beschleunigen, sprinten.

Alternativen gibt es also viele, und zwar für jedes Wort, jeden Begriff, jede Formulierung. Fragt sich nur: Welches ist der treffende Begriff für einen konkreten Sachverhalt? Und wie will ich diesen in welcher Situation und zu welchem Zweck darstellen?

Auf diesem Gedanken beruht das, was in der Rhetorik Euphemismus genannt wird. Eigentlich sind damit Worte von guter Vorbedeutung gemeint. Heute verstehen wir darunter eher das Beschönigen, Verhehlen, Umschreiben oder Ausschmücken von Fakten. In Politik und Wirtschaft gehört diese Form der Sprachanwendung zur Tagesordnung. Wörter schaffen Stimmung. Sie können aufwerten, mildern, schonen, tarnen und sogar täuschen. Dem Einsatz von weniger drastischen Formulierungen muss dabei nicht zwangsläufig der Wille zur Verschleierung zugrunde liegen. Häufig sollen Informationsempfänger, die sprachlich „geschont“ werden, besonders höflich oder respektvoll behandelt werden.

Dazu ein Beispiel aus dem Alltagsleben. Stellen Sie sich vor, Sie haben ein Haustier. Der geliebte Hund oder die Katze ist sehr alt, unheilbar krank und hat starke Schmerzen. Der Tierarzt schlägt vor, dass arme Geschöpf einschläfern zu lassen. Sie denken darüber nach, besprechen die Angelegenheit im Kreis der Familie und entschließen sich, dem Rat des Veterinärs zu folgen. Sie bringen Ihren Liebling in die Praxis und dort wird er „sanft eingeschläfert“. Eine hübsche euphemistische Umschreibung für die Tatsache, dass Sie das Tier zum Töten gebracht haben. Es wurde schlicht umgebracht. Bloß dass es sich nicht um eine Straftat handelt. Denn der Begriff „Mord" ist durch unsere Gesetzgebung eindeutig anders definiert.

Von der Wortwahl hängt folglich ab, wie Sie als Person mit ihren inhaltlichen Aussagen wahrgenommen werden. Hier einige Beispiele für Euphemismen aus politischen und ökonomischen Zusammenhängen:

Umstrukturierung	–	Massenentlassung
Negativer Gewinnbeitrag	–	Verlust
Sparpaket	–	Kürzungen
Verbesserungsbedarf	–	Wir haben Fehler gemacht
Kundeninformation	–	Werbung
Bürgerinformation	–	Wahlkampf
Gesundheitskasse	–	Krankenkasse
Mitbewerber	–	Konkurrent
Herausforderung	–	Problem
barrierefrei	–	behindertengerecht
Steueranpassung	–	Steuererhöhung

Eine sehr umfangreiche Liste zu allen möglichen Beschönigungen findet sich auf der kostenfreien Internetseite www.euphemismen.de.

Wer sich entschließt, mit Euphemismen zu arbeiten, beabsichtigt, den Gesprächspartner zu beeinflussen. Das kann, muss aber nicht moralisch verwerflich sein. Die Grenzlinien zwischen höflicher Umschreibung (sie ist vollschlank, statt dick), ironischer Bemerkung (er ist mental herausgefordert, statt dumm) und echter Täuschung (Personalfreisetzung statt Entlassung) sind unscharf. Es gibt keine übergeordnete Instanz, die entscheidet, was sprachlich erlaubt ist und was nicht.

Auch Journalisten nutzen die rhetorische Figur des Euphemismus. Typische Beispiele finden Sie in Nachrichtensendungen, wenn von Naturkatastrophen oder Unglücken berichtet wird. Journalisten sprechen dann von Opferzahlen anstatt von Toten, von dramatischen Vorfällen anstatt von katastrophalen. Auch der Themenkomplex Gewalt wird oft vorsichtig umschrieben. Wir hören beispielsweise von missbrauchten anstatt von vergewaltigten Kindern. Solche Formulierungen dienen manchmal sogar dem Schutz der betroffenen Person. Manchmal sollen die Gefühle von Lesern, Hörern oder Zuschauern geschont werden. Doch auch hier gibt es keine Instanz, die objektiv entscheiden kann, was zumutbar ist und was nicht.

Selbstverständlich lassen sich Beschönigungen auch umdrehen und absichtlich zugespitzt formulieren. Rhetorisch sprechen wir dann von Dysphemismus. Hier wird anstatt der milden, abschwächenden Formulierung stets die harte, grobe Variante verwendet. Polemische Politiker nutzen dieses Stilmittel häufig in Talkshows, um die Ausführungen der Mitdiskutanten in harschen Worten zu widerlegen. Auch bei politischen Reden im Bundestag finden wir gehäuft Dysphemismen, vorzugsweise um die Bemühungen der jeweiligen Gegenseite zu diskreditieren.

Sie können aufwerten, mildern, schonen, tarnen und sogar täuschen.

Da Journalisten sich mit dem Einsatz von Euphemismen besonders gut auskennen, hat es meist wenig Sinn, sie mit einer speziellen Wortwahl in die Irre führen zu wollen. Außerdem nutzt sich die Wirkung solcher Begriffe in einem besonderen Maße ab. Schnell kann das allgemeine Sprachempfinden kippen und vermeintlich schonende Bezeichnungen werden als ironisch oder schlimmer noch als zynisch empfunden. Ex-Bundeskanzler Gerhard Schröder zeigte sich bei seinem Fernsehauftritt in der Elefantenrunde nach der Wahl am 18. September 2005 überheblich und unhöflich. Seine Frau Doris, selbst eine erfahrene Journalistin, soll ihm im Nachhinein geflüstert haben, dass er seinen Auftritt selbstkritisch als „suboptimal" bewerten solle. Wer diesen Begriff heute verwendet, um etwas Negatives zu umschreiben, grinst meist schon, bevor ihm das Wort über die Lippen gekommen ist.

Tipps für eine prägnante und wirkungsvolle Ausdrucksweise
- Kurze Sätze
- Wichtige Worte
  (keine Worthülsen, keine Füllwörter, keine Floskeln)
- Möglichst wenig Theorie – besser anschauliche Beispiele
  Sparsamer Einsatz von Fachbegriffen und Fremdwörtern – wenn unbedingt nötig, dann erklären

- Keine wissenschaftlichen Ausführungen
- Keine komplizierten Details
- Vorsicht vor Abkürzungen
  (z. B. von Institutionen, Verbänden, Parteien, Methoden etc., diese bei der ersten Erwähnung ein Mal erklären. „Der neue Flughafen Berlin Brandenburg, kurz BER", „Zentraler Immobilien Ausschuss, ZIA")
- Wenn möglich, Kommastellen weglassen, Zahlen aufrunden (knapp, fast, ca.)
- Zahlen in Bildern veranschaulichen – dreiviertel ist besser als 75 %
  („Sie hat drei Kilo abgenommen. Das sind immerhin 12 Butterstücke." – „Das Gelände ist so groß wie ein Fußballfeld.")
- Aussagestarke, kraftvolle Verben
  (kein „stattfinden" – „Wir feiern ein Jubiläum." statt: „Es findet eine Jubiläumsfeier statt.")
- Aktiv schlägt Passiv
- Konjunktive nur anwenden, wenn in der Argumentation erforderlich
- Keine Abschwächungen der Aussagen (vielleicht, eigentlich, irgendwie)
- Vermeiden von Negativierungen – auch Missliches lässt sich positiv ausdrücken („Ich will neue Wege ausprobieren." statt: „Ich komme so nicht weiter.")
- Keine Substantivierungen
  („Die Polizei sucht" oder „Wir suchen." statt: „Die Polizei befindet sich auf der Suche.")
- Keine diskriminierende Wortwahl
  (Menschen ist weniger abschätzig als Leute)
- Politische Korrektheit berücksichtigen
  (Wir sprechen heute von „Bürgern mit Migrationshintergrund" und nicht von „Ausländern", von „Menschen mit körperlichen Einschränkungen" statt von „Behinderten".)
- Überprüfen Sie Ihr Ziel: Will ich Gefühle erzeugen oder besser nicht?
- Verben emotionalisieren
  („Der Geiselnehmer flieht vor der Polizei." statt: „Der Geiselnehmer befindet sich auf der Flucht.")
- Nomen neutralisieren und versachlichen

(„Auf Station B liegen viele Todkranke.“ statt: „Auf Station B sterben bald viele Menschen.“)

- Treffende Worte finden
  („fliehen“ statt „laufen“)
- Kein unsinniger Synonymzwang
  (Ein Busfahrer bleibt ein Busfahrer und muss in einem 30-Sekunden-Statement nicht zum Fahrer des Öffentlichen Transportmittels werden.)

Je häufiger wir unser eigenes Ausdrucksverhalten auf diese Tipps hin überprüfen, desto leichter fällt es, verständliche und wirkungsvolle Botschaften zu formulieren.

Sprachspiele und Wortwitze sind an sich gut. Damit lässt sich Aufmerksamkeit erregen oder ein Lacher einfangen. Aber natürlich nur, wenn sie wirklich locker und verständlich eingeflochten werden. Vorsicht vor gequälten Witzen oder zu künstlichen Sprachspielen.
„Wer A sagt, muss auch B sagen.“
„Wer Arndt sagt, muss auch Bernd sagen.“

Manche Menschen finden das komisch. Manche finden das peinlich. Überlegen Sie genau, ob Sie sich und Ihre Kernbotschaften vom Geschmacksurteil anderer abhängig machen möchten.

Wenn die Frage nach Zielgruppe, Leser oder Zuhörer geklärt ist, kann der Sprachstil und die Ausdrucksform selbstverständlich angepasst werden. Auch außerhalb der Medien reden wir mit Kindern anders als mit Professoren oder einem Behördenmitarbeiter. In dieser Anpassung kann sogar eine Art Rücksichtnahme und Wertschätzung liegen.

Alliterationen eignen sich gut, um drei wichtige Punkte nachhaltig zu verankern:
„Wir suchen kompetente, kreative und kräftige Menschen.“
„Das Foto ist groß, grell und grausam.“
„Der Kuchen ist leicht, luftig und lecker.“

Solche Dreiklänge tauchen häufig in Werbeslogans auf. Aber auch hier sollten Sie vorher überlegen, ob Sie den Eindruck erwecken möchten, Werbung in eigener Sache zu machen.

Besondere Vorsicht ist beim Einsatz von Sprachfloskeln geboten, selbst wenn diese gerade in Mode sind. Der Begriff Floskel leitet sich aus dem Lateinischen vom Wort flosculus – „das Blümchen“ ab. In der Rhetorik der Antike war damit ein Denkspruch gemeint. Reste davon finden wir in unserer heutigen Redewendung „jemanden etwas durch die Blume sagen“. Als Floskel bezeichnen wir dagegen eher eine inhaltsleere Sprachblase. Nicht jede Floskel ist grundsätzlich ungeeignet. Und ihr Gebrauch macht noch kein schlechtes Deutsch aus. Allein ihr unablässiger und möglicherweise unbewusster Gebrauch zeigt, dass sich der Sprecher kaum um sorgfältige Formulierungen bemüht.

Hier einige Beispiele, die uns allen hin und wieder über die Lippen kommen:
- im Endeffekt,
- ein Stück weit,
- gesetzt den Fall,
- ich würde meinen,
- sagen wir mal,
- in dieser Hinsicht,
- vom Prinzip, Grundsatz her,
- wenn Sie so wollen,
- nicht wirklich,
- das Ding ist.

Alle diese Wendungen sagen nichts Konkretes aus. Und in Anbetracht der limitierten Zeit, die uns für die meisten Interviews zur Verfügung steht, sind sie bloß Zeitverschwender.

Ähnlich verhält es sich mit Sprachmarotten, die von einigen Menschen als Stereotype in jedem dritten Satz angewendet werden. Dazu gehören:
- tipptopp,
- okidoki,
- will sagen, will meinen,

- sozusagen,
- quasi,
- oder? (Regelmäßig an das Ende einer Aussage gehängt),
- und, und, und.

Alle oben aufgelisteten Redewendungen sind noch keine sprachlichen Fehlleistungen. Wenn Sie allerdings zu dem Kreise derer gehören sollten, die zu solchen Wiederholungen neigen, achten Sie künftig lieber auf Ihre Sprechweise und zählen Sie Ihre Favoritenausdrücke mit, bevor es die Zuhörer tun. Sonst bleiben Sie am Ende nur wegen dieser Marotten und nicht wegen der interessanten Inhalte in Erinnerung.

Sprachliche Angewohnheiten kann man sich natürlich auch wieder abgewöhnen. In vielen Probeläufen muss man sich zunächst ausschließlich auf den konsequenten Verzicht dieser Ausdrücke konzentrieren. Bei allen Sprachübungen gilt: immer nur einen Aspekt üben. Das nächste Mal einen anderen. So schleifen Sie nacheinander bestimmte Gewohnheiten ab. Natürlich kann sich eine lieb gewonnene Formulierung irgendwann wieder einschleichen. Aber nach kontinuierlichen Übungen wird es seltener vorkommen und der Gebrauch der Stereotype fällt dem Sprechenden selbst schneller auf.

In die gleiche Kategorie gehört das Phrasendreschen. Einige Menschen glauben das gehöre zur Eloquenz. Wer aber seine Äußerungen inflationär mit Phrasen spickt, vertut die Chance, seine Ausführungen zu einer einmaligen und damit besonderen Beschreibung zu machen.

Gern genutzte Phrasen sind:
- „Wir streben eine Win-win-Situation an."
- „Es herrscht Friede, Freude, Eierkuchen."
- „Andere Länder andere Sitten."
- „Optimierung von Entscheidungsfindungsprozessen."
- „Nachhaltige Wertschöpfungskette."
- „Wir steigern unsere permanente Aktions-Flexibilität."
- „Soziale Gerechtigkeit."

Klingt alles „irgendwie" gut, verschweigt aber das Wesentliche, nämlich das Konkrete, um das es geht. Paradoxerweise haben wir uns so sehr an solche inhaltsarmen Sprachgebilde gewöhnt, dass wir uns damit schon wieder verständigen können. Sprache ist eben ein flexibles System von Zeichen. Aber Journalisten hören sehr genau hin und achten auf das, was Sie sagen. Helfen Sie ihnen zu verstehen. Nur wenn der Journalist wirklich kapiert hat, wovon Sie sprechen, hat auch der Medienkonsument eine Chance zu begreifen, um was es Ihnen im Kern geht.

Sprache ist eben ein flexibles System von Zeichen.

Einige Sätze noch zu Dialekten. Dialekte sind etwas Herrliches! Häufig sind es eigene Sprachen. Sie lösen starke Emotionen aus. Bei den Landsleuten natürlich positive. Schnell stellt sich ein Gefühl von Vertrautheit ein. In der Mundart lassen sich Dinge oft deutlicher und unkomplizierter sagen. Menschen aus der gleichen Region „fühlen", was ihr Gesprächspartner meint. Niemand beschreibt dieses Phänomen so hinreißend wie die Schwaben in ihrer Redewendung „Spürscht wie i denk?". Problematisch sind Dialekte allerdings, wenn sie Menschen aus anderen Regionen ausschließen. Denn Dialekte sind manchmal schwer oder gar nicht verständlich. Manch regional verwendeter Begriff ist anderenorts unbekannt. Viele Menschen reagieren auf fremde Dialekte geradezu allergisch. Die Sachsen kennen das gut. Aber auch Schwaben, Hessen oder Bayern haben schon Ablehnung aufgrund ihrer Sprechweise erlebt. Dialekte können derart negative Gefühle provozieren, dass mit ihnen auch die sachlichen Sprachinhalte abgelehnt werden. Ein stark regionalgefärbter Sprachklang kann außerdem in den großen Metropolen den Eindruck des Provinziellen erwecken. Strenger ausgedrückt: Da spricht der Hinterwäldler.

Über viele Jahrhunderte hat sich die Deutsche Hochlautung herauskristallisiert, über deren „Lautstand" seit mehr als hundert Jahren relative Einigkeit besteht. Umgangssprachlich sprechen wir vom Hochdeutschen. Es hat den Vorteil, dass es in allen deutschsprachigen Regionen verstanden wird, auch in Österreich und der Schweiz. Deshalb sollten sich Menschen, die tief von ihren Heimatlauten geprägt sind, bemühen mit Vertretern überregionaler Medien Hochdeutsch zu reden.

12. Kapitel

Wie spreche ich vor Kamera und Mikrofon?

Mit klarer Stimme!

Und hoffentlich mit sorgsamem Stimmeinsatz! Die Stimme ist eine unsichtbare Macht. Mit der Stimme kann man Stimmungen erzeugen. Die Stimme und die Art ihres Gebrauchs ist Ausdruck der individuellen Persönlichkeit und damit eine Art akustische Visitenkarte. Sie verrät auch etwas über die Stimmung des Sprechers.

Die nötige Sensibilität, um Stimmungssignale aufzunehmen und zu interpretieren ist angeboren. Auch über das Gehör machen wir uns somit ein Bild von einem Gesprächspartner. Das Ohr kann der Weg zu Herz und Verstand sein. In Kapitel 1 ist schon das Forschungsergebnis von Michael Argyle beschrieben: Nur etwa 7% der Informationen einer mündlichen Botschaft werden dem Inhalt der gesprochenen Worte entnommen.

→ KAPITEL 1, Seite 13

Aber immerhin ca. 38% dem Stimmklang. Menschliche Stimmen sind sehr unterschiedlich und in ihrer Einzigartigkeit der Unverwechselbarkeit von Gesichtern und Fingerabdrücken vergleichbar. Der Klang einer Stimme ist etwas sehr persönliches, fast intimes. Viele Menschen erschrecken vor der eigenen Stimme, wenn sie diese zum ersten Mal in einer Tonbandaufnahme hören. Das liegt daran, dass wir selbst unsere Stimme nicht nur mit den Ohren, sondern auch durch den Resonanzraum unseres Körpers und Kopfes erfahren. So wie wir uns selbst hören, hört uns niemand sonst. Die Stimme der Tonbandaufnahme gleicht da schon eher dem, wie die anderen uns mit ihrem Gehör wahrnehmen.

Wie die Stimme eines Menschen klingt hängt von sehr unterschiedlichen Faktoren ab. Zum einen sind es die biologischen Gegebenheiten, wie Körperumfang, Hormonhaushalt, Stärke und Sitz von Kehlkopf und Stimmbändern sowie die Atmungsart. Zum anderen wird die Sprechweise auch durch die unbewusste Übernahme von Sprechmustern bestimmt. Das können Eigenarten von Dialekten sein oder die tonale Nachahmung von engen Familienangehörigen. Wir werden in unserer Kindheit auch stimmlich geprägt. Deshalb ist die Art und Weise des Sprechens nicht immer Ausdruck eines bestimmten Wesenszugs, sie kann auch eine Angewohnheit sein. Zusätzlich wirken sich kulturelle und modische Einflüsse aus. Bei uns sind eher tiefe, warme Stimmen beliebt. In Asien sprechen Männer und Frauen ungleich höher. Aber selbst innerhalb Europas gibt es Unterschiede. Das Englisch der Briten beispielsweise wird fast immer in hohen Tonlagen gesprochen. Nordeuropäische weibliche Stimmen sind in den vergangenen 50 Jahren im Schnitt um zwei bis drei Halbtöne gesunken. Soziologen erklären das mit der Emanzipation und der Anpassung von Frauen an Männerstimmen bei der Kommunikation im Arbeitsalltag.

Brüchig, piepsig, scharf, gepresst, sonor, metallisch, weich, schrill, knarzig und vieles mehr.

Für die Beschreibung von Stimmen fallen Begriffe wie brüchig, piepsig, scharf, gepresst, sonor, metallisch, weich, schrill, knarzig und vieles mehr. Manche Stimmen klingen immer so. Aber theoretisch ist jeder gesunde Mensch in der Lage, diese unterschiedlichen Klänge herzustellen. Klang- und Lautbildung liegen komplexe physiologische Vorgänge zu Grunde. Atmung spielt eine wichtige Rolle. Denn Stimmen sind eigentlich nichts anderes als vibrierende Luft. Der Körper funktioniert dabei ähnlich wie ein Saiteninstrument. Natürlich atmen wir die Luft immer in die Lungen, aber wir haben zwei, eigentlich sogar drei Möglichkeiten, wie wir Luft einsaugen. Bei der flachen Brust- oder Rippenatmung gelangt weniger Luft in die Lungen, wir müssen häufiger einatmen und uns dabei mehr anstrengen. Im Stress wird daraus schnell die sogenannte Schnappatmung.

Noch unökonomischer ist die Schulteratmung. Dabei heben wir auch die Muskulatur des Schultergürtels, kriegen aber keinesfalls mehr Luft. Wohlklingende, volle Stimmen basieren auf der Bauchbeziehungsweise Zwerchfellatmung. Das Zwerchfell ist eine kuppelförmige Muskel-Sehnen-Platte, die die Brust- von der Bauchhöhle trennt. Es ist der wichtigste Atemmuskel. Bei der Zwerchfellatmung öffnet sich der Oberkörper und die Luft wird tief in den

Bauch eingeatmet. Dabei hebt sich die Bauchdecke sicht- und fühlbar an. Weil Frauen häufig „Bauch rein, Brust raus“ eingetrichtert bekommen, trauen sich viele gar nicht auf diese Art entspannt zu atmen. Doch die Zwerchfellatmung benötigt den geringsten Kraftaufwand und sorgt für die bestmögliche Versorgung des gesamten Körpers mit Sauerstoff.

Dabei können wir ein so großes Luftvolumen einatmen, dass es für viele gesprochene Sätze reicht. Profis atmen schnell und lautlos durch die Nase ein, bevor sie sprechen. Denn die Nasenatmung erwärmt, befeuchtet und filtert die Luft. So werden Luftwege und Sprechwerkzeuge geschmeidig gehalten und geschützt. Beim Einatmen verformt sich das Zwerchfell und spannt sich zu einer Art Kegel. Die Muskulatur ist hart und kann die Luft lange festhalten, wir können den Atem anhalten. Beim Ausatmen durch die Luftröhre entspannt sich die Muskulatur harmonisch und lässt die Luft gleichmäßig nach draußen strömen. Durch kurzes Anhalten oder Pressen stützt das Zwerchfell die Luft beim Sprechen. Der Luftstrom muss dabei die Stimmlippen passieren. Umgangssprachlich reden wir von den Stimmbändern. Diese feinen Muskelstränge liegen im Kehlkopf. Aufströmende Luft drückt sie auseinander und versetzt sie in Schwingungen. So wird der Stimmklang erzeugt. Je länger und dicker die Stimmlippen sind, desto tiefer ist der Ton. Sind sie kürzer und dünner, müssen sie häufiger pro Sekunde schwingen und erzeugen eine höhere Frequenz.

Wenn ein Mensch eine Stunde lang spricht, bewegen sich die Stimmlippen bis zu einer halben Million Mal. Das Rauspressen der Luft bringt die Stimmlippen in den sogenannten Phonationszustand. Je nach Stärke des Stimmlipppenschlusses, der Vibrationsgeschwindigkeit sowie des Umgangs von Zwerchfell und Bauchmuskeln mit der Atemluft, entstehen unterschiedliche akustische Figuren – die Laute. Diese werden durch den Einsatz der Sprechwerkzeuge Gaumenmuskeln, Kiefergelenk, Zunge und Lippen in Worte verwandelt. Angenehme Sprechstimmen nutzen dabei die Resonanzräume des Brustkorbs, der Kehle, der Nasennebenhöhle und des Mundes optimal aus. Denn hier werden die Luftschwingungen wie bei einem Saiteninstrument verstärkt.

Menschen unserer Breiten finden Stimmen schön, wenn sie frei von Nebengeräuschen sind. Das heißt, die Atmung ist lautlos, kein überflüssiges Schmatzen, Knacken, Pfeifen oder Zischen ist zu hören. Eigentlich ist das keine besondere Kunst, sondern vielmehr eine funktionelle Nutzung der Stimme. Denn was für andere angenehm klingt, ist auch in der Stimmproduktion angenehm und unanstrengend. Jeder Mensch verfügt über eine persönliche optimale Tonlage. Dieser Eigenton ermöglicht es dem Sprecher, sich bei Variationen der Höhen beliebig kräftig und voll oder leise und dennoch verständlich zu äußern. Die Stimme bleibt in dieser so genannten „Indifferenzlage" weittragend, resonanzreich, weich und unangestrengt. Viele Frauen sprechen deutlich höher als in ihrer biologischen Indifferenzlage. Seltener rutschen Männer noch tiefer als ihr biologischer Ton es vorgibt. Hinter beidem können Angewohnheiten oder Absichten stehen. Frauen versuchen, sich damit unbewusst weiblicher und Männer, sich männlicher zu machen. Zuhörern fällt das auf – leider eher unangenehm. Dauerhaftes Verlassen des Eigentons strapaziert außerdem die Stimme und kann zu Überanstrengung, Schmerzen und Heiserkeit führen. Es lohnt sich deshalb, die eigene physiologische Stimmlage zu finden. Häufiges Seufzen „ach, ja" oder „mmmh" brummen, wie bei einem leckeren Essen, oder langsames monotones Zählen „21, 22, 23 ..." können dabei helfen.

Mit einiger Übung, und wenn nötig, mithilfe eines Stimmtrainings, wird sich die Stimme mit allen Modulationsvarianten um die Indifferenzlage einpendeln. Es ist die Sprechweise mit dem geringsten Kraftaufwand und der besten Wirkung. Untersuchungen zeigen, dass diese entspannte Stimmlage von den meisten Hörern als attraktiv, kompetent und vertrauenswürdig empfunden wird. Am beliebtesten sind gelassene, sichere und interessierte Stimmen.

Der Sprecher ist stets dafür verantwortlich, ob er verstanden wird. Nicht der Hörer.

Mit unserer Stimme können wir viele Gestaltungselemente steuern. Dazu gehört neben der Stimmlage (hoch oder tief), die Stimmfarbe (weich oder hart), der Tonfall (fröhlich, traurig, sachlich), und die Lautstärke (laut oder leise). Beim Sprechen von Sätzen können wir außerdem das Tempo bestimmen, die Betonung von Silben und Wörtern, und einen gleichförmigen oder variantenreichen Rhythmus wählen.

Letzteres ist dringend zu empfehlen, denn selbst die wärmste und sonorigste Stimme wirkt einschläfernd, wenn sie monoton vor sich her gesprochen wird. Jede Form von sprachlichem Einheitsbrei und Klangteppich ist im Interview zu vermeiden. Die Aussagen mögen noch so klug oder sensationell sein, ihre Wirkung kann durch eine langweilige oder unverständliche Sprechweise verblassen. Eine deutliche Artikulation, bei der Wortendungen nicht verschluckt werden, sollte selbstverständlich sein. Denn wer bei einem Interview verstanden werden möchte, kann auch mit seiner Art zu sprechen, viel dafür tun. Der Sprecher ist stets dafür verantwortlich, ob er verstanden wird. Nicht der Hörer. Der Sinn mancher Sätze erschließt sich nur durch die Satzmelodie. Dazu gehört in der deutschen Sprache, dass die Stimme am Ende eines Satzes nach unten geht. Denn bleibt sie oben, klingt es eher nach einer Frage. Wichtige Worte können durch eine spezielle Betonung hervorgehoben werden und ein ständiger Wechsel von Sprechtempo und Klangfarben sorgt beim Zuhörer für Aufmerksamkeit.

Besonderes Augenmerk gebührt den Sprechpausen. Sie haben viele Vorteile. Sie können Spannung erzeugen und Aufmerksamkeit erregen. Sie können das Gesagte unterstreichen. Sie können den Hörer zum Nachdenken zwingen und helfen ihm bei der Verarbeitung der gehörten Informationen. Und letztlich schenken sie auch dem Sprecher eine Pause zum Atemholen und schaffen dabei Raum zum Formulieren neuer Gedanken.

Je schneller eine Person spricht, desto schneller steigen die Zuhörer aus. Ihre Aufmerksamkeit wird überstrapaziert. Hast wird dabei häufig als Zeichen von Unsicherheit wahrgenommen. Oft ist das eine zutreffende Interpretation. Bei Anspannung oder Aufregung pocht das Herz schneller und verführt den Sprecher zu einem erhöhten Sprechtempo. Wer hastig spricht, hat es aber ungleich schwerer korrekt zu artikulieren. Endungen, manchmal sogar ganze Silben werden dann nicht korrekt ausgesprochen.

Es gibt eine Reihe sprachliche Eigenarten, die auf keiner biologischen Fehlfunktion beruhen. Viele davon machen das Zuhören zur Tortur. Andere suggerieren, dass der Sprecher ungebildet, nachlässig, arrogant oder langweilig sei. Nichts davon muss stimmen. Deshalb sollte man solche Sprechgewohnheiten unbedingt ablegen. Dazu gehören nuscheln, lispeln, leiern, zischen, rattern, schrill kieksen, näseln und das künstliche Langziehen von Silben oder Wörtern. Die Gehirne der Zuhörer beschäftigen sich lieber mit diesen phonetischen Erscheinungen als mit den Inhalten. Sie beurteilen den Klang und nicht die in Sprache gegossenen Gedanken, die sie gerade hören. Besonders fällt das bei den Äh-Sagern ins Gewicht. Häufige „ähs“ oder „ähms“, sind meist auch nichts weiter als eine schlechte Angewohnheit und deuten auf mangelnde Sorgfalt im Umgang mit der eigenen Sprache. „Ähs“ sind unspezifische Artikulationslaute. Der Mund ist offen, da kommt schon Luft durch die Stimmlippen, aber der Gedanke steckt noch irgendwo fest auf seiner Reise aus dem Gehirn in den Mund. Dahinter steckt das Problem einer undifferenzierten Sprechplanung. Wer sich bewusst mit diesem Phänomen beschäftig und diszipliniert und konsequent mit einem Sprachtrainer daran arbeitet, kann diese unliebsame Angewohnheit innerhalb weniger Monaten abstellen.

Tipps fürs Sprechen vor Kamera und Mikrofon

- Vor dem Interview einsprechen. Summen, brummen, Mundgymnastik
- Tiefe Bauchatmung
- Erst die Gedanken ordnen, dann sprechen
- Deutlich und verständlich artikulieren
- Wortendungen mitsprechen
- Sätze richtig betonen
- Satzmelodie beachten
- Am Ende des Satzes Stimme senken
- Bei trockenem Mund nicht räuspern, besser schlucken, Wasser trinken, Bonbon lutschen
- Unterkiefer bewusst locker halten
- Der Stimme Klang verleihen
- Vorne aus dem Mund zu jemandem sprechen, nicht in sich hinein.

13. Kapitel

Kann mein Körper sprechen?

Aber ja!

Er plappert geradezu wie ein Wasserfall und ist wie dieser nicht zu stoppen.

Der Körper sendet permanent Signale aus, selbst im Ruhezustand. Das gilt für jede Art von Kommunikation, beim familiären Sonntagsfrühstück, bei der Mitarbeiterversammlung und beim Interview mit einem Journalisten. Immer nimmt das Gegenüber auch nonverbale Signale auf. Wir formulieren zwar unsere Gedanken in Worte und verleihen diesen mit unserer Stimme Gehör. Aber wir sprechen dabei mit dem ganzen Körper. Ihre Aussagen und Antworten sind nur so überzeugend wie Sie selbst. Ihr Körper kann Ihre Aussagen unterstreichen oder konterkarieren. Der Grad der Überzeugungskraft hängt davon ab, was Ihr Körper ausstrahlt. Lesen Sie dazu noch einmal in Kapitel 1 über den Prozess der Informationsverarbeitung des menschlichen Gehirns nach. Die visuellen Reize haben einen ungleich höheren Einfluss auf unseren Denkapparat als Töne oder gar Inhalte. Deshalb berücksichtigt dieses Kapitel vor allem das Medium Fernsehen, bzw. alle Formate, in denen Menschen zu sehen sind. Das können natürlich auch Online-Portale oder Mediatheken sein.

Auch im Fernsehen unterhalten sich Menschen stets mit ihrem ganzen Körper. Wobei die Körpersprache kaum Lügen kennt. Denn Gefühle steuern unsere Haltung, Mimik und Gestik.

Fühlen Sie sich in einer Situation wohl oder unwohl? Wir können es meistens erkennen. Angst, Anspannung und Unsicherheit spiegeln sich ganz unmittelbar in einem ängstlichen Gesicht und einer angespannten Körperhaltung. Genauso nehmen wir wahr, wenn unser Gegenüber unbeschwert und fröhlich ist. Daher rührt im Übrigen der Ausdruck „Gemütsbewegung“. Vorgetäuschte Fröhlichkeit können wir demnach entlarven, ebenso vorgetäuschte Trauer, Geschäftigkeit, Kompetenz. Wir müssen uns dafür nicht einmal besonders anstrengen. Das erledigen unsere Instinkte ganz nebenbei. Das emotionale Erkennen von echten Gefühlen ist uns angeboren. Dennoch haben wir alle schon erlebt, dass unsere Wahrnehmung uns mächtig täuschen und zu absolut falschen Schlüssen führen kann.

Vermutlich aus diesem Grund sind schon seit Mitte des letzten Jahrhunderts eine ganze Reihe Bücher über Körpersprache geschrieben worden. Haltung und Gestik werden darin analysiert, ihre Bedeutung erklärt. Andere Ratgeber haben sich auf Tipps spezialisiert, wie man beispielsweise beim Sprechen stehen soll, was man mit seinen Händen machen kann oder besser lassen sollte. Sie kennen sicherlich das Beispiel von den vor dem Körper verschränkten Armen. Nach allgemeiner Einschätzung soll diese Position Ablehnung oder Verschlossenheit ausdrücken und wäre demnach keine empfehlenswerte Körperhaltung für ein Interview. Solche Beispiele scheinen auf den ersten Blick einleuchtend zu sein, eignen sich aber nicht als Trainingsgrundlage. Denn das, was wir bewusst von der Körpersprache anderer Menschen wahrnehmen, ist immer nur ein kleiner Ausschnitt ihres emotionalen Kosmos.

46 Muskeln können an die zehntausend Ausdrücke in unsere Gesichter zaubern.

Viele Menschen verschränken beispielsweise die Arme vor dem Körper, um in dieser bequemen Position lange und aufmerksam zuzuhören. Und dabei sind sie möglicherweise sehr wohl offen und aufgeschlossen für neue Ideen und Gedanken. Menschen können ja auch gleichzeitig sehr unterschiedliche Dinge fühlen, die sich zum Teil sogar noch widersprechen. Der amerikanische Psychologe Paul Ekmann hat im Laufe seiner Studien über den körpersprachlichen Ausdruck von Emotionen immer wieder darauf hingewiesen, welch vielfältige Signale Gesichter und Körper aussenden und wie groß die Kombinationsmöglichkeiten sind. Ein Lächeln ist für ihn nicht gleichbedeutend für Offenheit und Freundlichkeit. Denn unsere Gesichtsmuskulatur kann sehr unterschiedliche Formen von Lächeln produzieren. Laut Ekmann können 46 Muskeln an die zehntausend Ausdrücke in unsere Gesichter zaubern.

So differenziert und geschult interpretieren wir unsere Gesprächspartner im Alltag natürlich nicht. Unser Gehirn muss ja stets mehrere Aufgaben zugleich erledigen und hat gar keine Kapazität dafür, sich ausschließlich auf das Dechiffrieren von Gesichtsausdrücken zu konzentrieren. Umgekehrt heißt das auch, dass wir uns beim Beantworten von Fragen nur zu einem sehr geringen Teil darauf konzentrieren können, wie wir gerade stehen oder sitzen, was unsere Hände machen oder wie wir gucken.

Diese Ausführungen mögen Ihnen einerseits bewusst machen, wie ungemein wichtig Ihre Körpersprache in einem Interview ist, andererseits sollen sie aber auch davor warnen, bestimmte Haltungen einzustudieren.

Im Zweifelsfall nehmen Ihnen der fragende Journalist oder die Fernsehzuschauer eine aufgesetzte Selbstsicherheit nicht ab. Viele finden so ein antrainiertes Verhalten sogar unsympathisch. Lieber verzeihen sie kleine Unsicherheiten, ein Stottern oder eine ungelenke Geste. Denn solche Ungeschicklichkeiten sind menschlich und tragen damit zum Eindruck der Glaubwürdigkeit bei. Künstlich einstudierte Gesten können dagegen für ungewollte Heiterkeit sorgen. Bestes Beispiel ist das Kanzlerinnen-Dreieck. Vermutlich hat auch Angela Merkel früher nicht gewusst, wohin mit ihren Händen. Und dann ist sie auf die Idee mit den spitz aneinandergelegten Fingern gekommen. Heute ist es zwar ihr Markenzeichen, aber auch ein beliebtes Motiv für Karikaturisten und Kabarettisten.

Was also tun mit dem Wissen, dass das Auge immer mithört? Im Medientraining wird auch daran gearbeitet, dass Sie sich in Ihrer Haut wohlfühlen. Körperarbeit und Entspannungstechniken gehören dazu. Das Thema Stressabbau wird noch in Kapitel 14 über Lampenfieber behandelt.

Viele Menschen benötigen allerdings zunächst einmal Klarheit über die Rolle, die sie in der Öffentlichkeit und in den Medien einnehmen bzw. einnehmen möchten. Zum Gesamterscheinungsbild gehört natürlich auch die Garderobe. Und spätestens bei der Kleiderfrage ist es gut möglich, dass Sie sich zwar auf eine gewisse Weise körperlich ausgesprochen wohlfühlen und damit authentisch vor die Kameras treten könnten, dass aber genau dieser Auftritt kontraproduktiv für Ihr öffentliches Anliegen ist.

Ein Beispiel:
Eigentlich mag er keine Schuhe. Er geht am liebsten barfuß. Eigentlich mag er auch keine Anzüge, außer seinen Jogginganzug. Er hat einen genialen Plan zum Abbau der Staatsverschuldung. Eigentlich eine gute Sache, dass er damit in „die“ politische Talkshow des Deutschen Fernsehens eingeladen wird. Eigentlich genau richtig, dass er dort barfuß im Jogginganzug auftritt. Eigentlich aber auch kein Wunder, dass er weder vom Talkmaster, noch von den anderen Teilnehmern und Zuschauern ernst genommen wird.

Von einer Person mit staatstragendem Anliegen wird einfach ein anderes Aussehen erwartet. Dass nur die inneren Werte und nicht das Äußere eines Menschen zählen, lernen wir schon als Kinder. Und doch tappen wir alle immer wieder in die Falle des Vorurteils.

Auftreten, Benehmen, körperliche Präsenz und auch die Kleidung geben dem Inhalt unserer Aussagen einen optischen Rahmen. Sie sind sozusagen die Kulisse für unsere Gedanken.

Nicht nur der Barfußläufer aus dem Beispiel oben sollte sich mit folgenden Fragen befassen:
- Wie fühle ich mich am wohlsten?
- Was will ich erreichen?
- Welchen Eindruck muss ich dafür erwecken?
- Wie kann ich diesen herstellen?

Ihre Antworten helfen bei der Abwägung zwischen persönlichem Wohlbefinden und beabsichtigter Wirkung. Menschen, die das in angemessener Weise berücksichtigen und sowohl ihr körperliches Erscheinungsbild als auch ihr körperliches Verhalten dem eigenen Temperament, dem Thema und dem Rahmen anpassen, erfahren eine höhere Akzeptanz ihrer Aussagen. Angemessenheit ist hier das Schlüsselwort.

Für Interviewsituationen mit oder ohne Kamera gibt es noch ein paar zusätzliche Dinge, die Sie berücksichtigen sollten.

Körpergröße

Achten Sie auf den Größenunterschied. Wenn Sie ein eher kleiner, zierlicher Mensch sind und von einem großen Journalisten befragt werden, müssen Sie nach oben sprechen. Das versetzt Sie in eine leicht unterlegene Position und gibt dem Fragesteller eher das Gefühl von Dominanz. Sollten Sie aber zu einem kleinen Journalisten nach unten antworten müssen, kann schnell der Eindruck von Herablassung entstehen. Beide Varianten haben nichts mit Ihrem wirklichen Verhältnis zueinander zu tun und sind einfach zu umgehen, indem Sie das Interview im Sitzen führen. Das Sitzen halbiert alle Größenunterschiede. Meist haben Gesprächspartner sitzend auch einen etwas größeren Abstand, als wenn sie voreinander stehen. Wenn Sie sich dadurch weniger bedrängt fühlen, kann so ein kleiner Sicherheitsabstand Ihr Wohlbefinden positiv beeinflussen.

Blicken Sie Ihrem Fragesteller stets in die Augen und niemals in die Kamera. So fesseln Sie die Aufmerksamkeit Ihres Gesprächspartners, und der Zuschauer hat das Gefühl, dass er Ihnen beiden bei Ihrem Gespräch zusehen kann. Er fühlt sich nicht ausgeschlossen, sondern „ist dabei". Ein direkter Blick in die Kamera kann die Zuschauer irritieren. Die persönliche Ansprache sind sie eher vom Moderator gewöhnt.

Wenn das Interview partout im Stehen stattfinden soll, bieten Sie notfalls an, auf ein kleines Podest oder eine Kiste zu steigen, um den Größenunterschied auszugleichen. Sie glauben gar nicht, wie viele Moderatoren und Gäste in sehr unterschiedlichen Sendungen auf solchen Podesten stehen.

Fester Stand

Wenn Sie stehen, stehen Sie und haben einen Standpunkt. Also stehen Sie fest mit beiden Beinen auf Ihren Füßen, die hüftbreit auseinanderstehen. Dabei ist es angenehm, das Körpergewicht mal auf das eine, mal auf das andere Bein zu verlagern. Mit dem Wechsel des Standbeins können Sie auch unterschiedliche Standpunkte oder einen neuen Gedanke körpersprachlich unterstützen. Nicht ratsam ist sich breitbeiniger zu positionieren, wie einige Herren es manchmal tun. Das kann bedrohlich oder provokant wirken. Solche Männer erwecken vielleicht nicht ganz zu unrecht den Eindruck, dass sie sich „breitmachen".

Damen sollten darauf verzichten, ihre Füße zu überkreuzen. So steht man nämlich eher wackelig. Manche Damen neigen außerdem dazu, den Oberkörper zu wiegen oder im Sprechrhythmus zu drehen. Das ist eine typische Kleinmädchenhaltung. Sie mag dazu führen, dass Ihnen niemand etwas tut, Sie werden aber im Gegenzug vermutlich auch nicht ernst genommen.

Hände

In fast jedem Medientraining taucht die Frage auf: „Aber was soll ich denn mit meinen Händen machen?"

Rat 1: Kein Kanzlerinnendreieck. Denn das ist inzwischen besetzt.
Rat 2: Nicht in den Hosentaschen versenken oder hinter dem Rücken verschränken
Rat 3: Hände mit angemessenen Gebärden mitsprechen lassen. Genauso wie Sie es im Alltag tun.

Dynamische Gedanken vertragen dynamische Bewegungen. Ein steter harmonischer Fluss, dabei keine ausschweifenden Gesten. Eine Warnung gibt es im Medientraining stets für Menschen, die zu stereotypen Bewegungen neigen. Beispielsweise ein regelmäßiges Klopfen auf der Stuhllehne oder das regelmäßige Wackeln von Ellenbogen und Unterarm. Ersteres soll meist die eigene Aussage unterstreichen, letzteres dient meist dem inneren Schwungholen für den nächsten Satz. Aber beides lenkt die Aufmerksamkeit der Beobachter auf die an sich sinnleere stereotype Geste und verhindert damit, dass Ihr kluger Gedanke es bis in die Hirnwindungen der Zuhörer schafft. Den betroffenen Menschen ist so eine Angewohnheit nur selten bewusst. Deshalb reagieren sie höchst erstaunt, wenn sie es während eines Trainings in der Videoanalyse entdecken. Der erste Schreck darüber wird durch eine gute Nachricht gelindert: Solche Stereotypen kann man sich genauso abgewöhnen, wie man sie sich einmal angewöhnt hat. Oft reicht schon das Bewusstwerden darüber, was man mit dem eigenen Körper tut sowie der Wille zur Veränderung.

Jeder Mensch ist Regisseur seines Körpers. Sofern wir gesund und unversehrt sind, können wir bewusst darüber entscheiden, was unser Körper tut. Ob er die Hand hebt oder nicht, ob das Gesicht Grimassen schneidet oder nicht, ob man abwertende Gesten einsetzt oder nicht. Wir bestimmen darüber. Sicher haben sich im Laufe von Jahren bei den meisten Menschen aus ganz unterschiedlichen Gründen bestimmte Gewohnheiten eingestellt. Wir sind allerdings jederzeit frei, diese auch wieder abzulegen.

Wenn Sie jemanden von Ihren Botschaften überzeugen möchten, muss Ihre eigene Überzeugung zu spüren sein.

Wer gar nicht weiß, wohin mit den Händen und verzweifelt nach einer passenden Haltung sucht, dem sei das lockere Ineinanderlegen der Hände empfohlen. So lange, bis sich auch in der ungewohnten Situation eines Interviews eine natürliche Gestik entwickelt hat. Ein Gegenstand, eine Requisite kann als Hilfsmittel genutzt werden. Das vermittelt Sicherheit „man hat etwas in der Hand". Doch sollte es sich dabei um Dinge handeln, die im Kontext des Interviews einen Sinn haben. Sonst ist nämlich genau das zu sehen, was Sie tun: Sie halten sich fest. Stellen Sie sich mal eine Talkshow vor, in der alle Teilnehmer einen Stift in der Hand halten.

Natürlich kann man die Hände auch bewusst einsetzen. Eine Kernaussage zum Beispiel verträgt schon mal den Nachdruck von beiden Händen. Plakative Aufzählungen können elegant von den Fingern begleitet werden: erstens, zweitens und drittens.

In unserem Kulturkreis ist das Zeigen mit dem Finger auf Menschen verpönt. Es wird als unhöflich oder angreifend empfunden. Dieser Eindruck kann sich in einem Kamerabild noch verstärken. Aber für den Zeigefinger gibt es Ausnahmen. Bei Apellen, Ermunterungen und Motivationen kann er nämlich ausgesprochen wirksam sein. Der Satz: Mit dem neuen Gesetz können wir das alle – auch Sie!" verträgt möglicherweise so einen auf eine andere Person gerichteten Finger.

Bei einer Kaskade von Kritik wirkt der Einsatz des Zeigefingers dagegen eher abkanzelnd und kann den Sympathiewert des Sprechers enorm schrumpfen lassen. „Das hat Ihre Partei schon immer so gemacht (Fingerzeig). Das kennen wir schon von Ihnen (Fingerzeig). Das war 2005 schon genau das Gleiche (Fingerzeig). Sie (Fingerzeig) stehen nie (Fingerzeig) zu Ihrem Wort (Fingerzeig)."

Bei politischen Reden im Bundestag ist diese Gestik oft zu beobachten. Das macht sie deshalb noch lange nicht angenehm.

Mimik

Menschen interessieren sich für Menschen und damit für Gesichter. Wir können nichts dafür, wie wir aussehen, aber wir haben Einfluss darauf, wie wir mit unserem Gesicht in die Welt schauen. Eigentlich gibt es überhaupt keinen Grund, weshalb man bei einem Interview nicht einigermaßen freundlich dreinschaut. Auch sachliche oder komplizierte Dinge vertragen eine kleine Dosis Sonne. Viele Menschen meinen, dass sie einfach nur „neutral" aussehen sollten. Seltsamerweise wirkt neutral im Fernsehbild leicht griesgrämig oder abwesend. Konzentration kann traurig, angestrengt oder kritisch aussehen. Dabei können sich alle Menschen auch freundlich konzentrieren.

Es bedarf dazu ein wenig Bewusstsein über den eigenen Auftritt. Gemeint ist hier kein Grinsen, kein unangebrachtes Lachen, sondern einfach eine innere Freundlichkeit und Offenheit, die sich im Gesicht widerspiegelt. Nur wirklich ernste Themen erfordern einen wirklich ernsthaften Gesichtsausdruck. Anderenfalls würde man Ihnen z. B. Besorgnis, Verantwortung oder Mitgefühl nicht abnehmen. Für alle anderen Themen gilt: Der Enthusiasmus, den Sie in sich tragen, darf gern gezeigt werden. Wenn Sie jemanden von Ihren Botschaften überzeugen möchten, muss Ihre eigene Überzeugung zu spüren sein. Mit anderen Worten: Wer andere zum Glühen bringen will, muss selber leuchten. Ein großer Teil dieser Überzeugungskraft wird von der Mimik transportiert. Allerdings gilt auch hier das Gebot der Angemessenheit. Verbiegen Sie sich nicht. Der Versuch, etwas zu erzeugen, was nicht da ist, wird von den Zuschauern als künstlich empfunden. Im Training gelingt es allerdings oft, durch spezielle Übungen authentische Emotionen ans Tageslicht zu fördern und diese für den Medienauftritt abrufbereit zu speichern.

Kleidung

Das Fernsehbild gibt nicht die Realität wieder. Das ist schon rein technisch unmöglich. So verändern sich Farben häufig im Licht der Scheinwerfer. Grundsätzlich sollten Sie deshalb vor einem Studiobesuch erfragen, welche Töne die Kulisse dominieren und wie die Bestuhlung gestaltet ist. In Ergänzung dazu oder als besonderen Kontrast wählen Sie Ihre Garderobe.

Ein rein schwarzes Outfit ist selbst bei bestem Licht ungünstig. Die Konturen verschwimmen und die Körperform verschwindet. Da sitzt dann ein schwarzer Haufen Mensch mit hellem Gesicht und hellen Händen. Die einzelnen Gliedmaßen, also Arme und Beine sind kaum zu erkennen. Bei Dunkelblau und Dunkelgrau ist dieser Effekt weniger stark. Deshalb sind es häufig getragene Farben. Ein ganz klares Weiß als Komplettoutfit ist ebenfalls schwierig. Es fängt das Licht auf und gibt es zurück. So entsteht ein überstrahlender Effekt, der unnatürlich aussieht und für das Auge unangenehm ist.

Alle anderen Farbtöne sind inzwischen für Fernsehkameras unproblematisch. Selbst knalliges Rot sieht durch die Linse einer modernen Chipkamera gut aus. Wer Muster liebt, sollte besser große Motive auswählen. Sehr kleine Karos, Pepita oder Hahnentritt verschwimmen im Fernsehbild und sorgen für ein Flimmern, das einer Störung ähnelt. Natürlich erkennt der Zuschauer, dass keine echte Störung vorliegt, weil das übrige Bild in Ordnung ist, sondern ausschließlich ein Jackett zu flimmern beginnt. Genau das aber ist eine störende visuelle Ablenkung für das Gehirn des Zuschauers.

Auch bei der Wahl des Kleiderstoffes gibt es einiges zu beachten. Leinen knittert und Cordhosen beulen schnell aus. Echte sowie Kunstseide glänzen stark und Rohseide raschelt. Besser sind Woll- und Baumwollgemische. Sie bleiben matt. Ein wahrer Segen sind die neuen Materialen mit Stretchanteilen. Sie erhalten die Form und verstärken einen passenden Sitz.

Insgesamt sollte die Kleidung bequem, also nicht zu eng sein. Aber auch nicht zu groß. Vor allem die Jacken nicht, weil der Mensch, der sie trägt, darin leicht verloren aussieht. Gewarnt sei auch vor zu breiten Schulterpolstern. Der Kopf darüber wirkt extrem viel kleiner.

Noch je ein Hinweis für Damen und Herren. Damit ein hochgerutschtes Hosenbein im Sitzen kein blasses behaartes Männerbein entblößt, tragen Sie bitte Socken mit ausreichend langem Schaft. Und die Damen prüfen bitte ihren neuen Minirock zu Hause in allen Sitzpositionen aus, damit sie im Fernsehstudio nicht plötzlich im Lendenschurz auftreten.

Optik

Egal welche Kleidung Sie für sich als passend wählen, treten Sie vor dem Interview vor einen Spiegel – das gilt für Damen UND Herren. Ein Hemdkragen, der über den Jackenkragen gerutscht ist, eine Haarsträhne, die seltsam absteht, ein abgerissener Knopf, Lippenstift auf den Zähnen, Schuppen auf dem dunklen Anzug. Es gibt so viele Kleinigkeiten, die störend wirken können.

Denken Sie immer an die Präferenz unserer Gehirne für die visuellen Reize. Das Zuschauerauge bleibt nicht nur an einem tiefen Dekolleté kleben. Es hängt auch an einem schief rasierten Bart, einem ungefärbten Haaransatz oder einer Laufmasche. Vieles vertanzt sich im Fernsehbild, manches wird übergroß. Ist der Zuschauerblick erst einmal gefesselt, schwindet die Aufmerksamkeit für die Inhalte. Sie werden mit Sicherheit in Erinnerung bleiben. Aber eher, als die Frau mit dem verwischten Lippenstift, als die Frau mit den sensationellen Ideen. Bei einem Fernsehauftritt im Studio kümmern sich Maskenbildner um Ihr Äußeres. Doch ersetzt das den eigenen Blick in den Spiegel nicht. Eine wohlfrisierte Haarsträhne kann sich wieder lösen. Und der Visagist hat vielleicht einen anderen Geschmack als Sie.

Wenn Sie mit einem Kamerateam unterwegs sind oder am Arbeitsplatz besucht werden, sind Sie für Ihr Aussehen selbst verantwortlich. Ein aufmerksamer Kameramann wird Sie hoffentlich auf ein schief geknöpftes Hemd hinweisen. Aber im Grunde ist es ihm egal, wie Sie aussehen. Er versucht, gute Bilder zu machen. Ein Knopf am falschen Platz könnte sogar ein Blickfang sein.

Also sollten auch Herren zumindest Spiegel Kamm und Zahnbürste griffbereit haben. Die Petersilie vom Mittagessen zwischen den Schneidezähnen ist nämlich noch so ein Eyecatcher. Herren mit hoher Stirn und Hang zu Schweißperlen sei eine eigene Puderdose empfohlen. Auch Nasen gehören abgepudert, damit sie nicht wie große Zinken erscheinen, und gegen dunkle Augenränder gibt es Abdeckstifte.

Selbst Damen, die lieber ungeschminkt auftreten, sei für das Fernsehinterview zu einem ordentlichen Make-Up geraten. Die Zwei dimensionalität des Bildes, das Licht- und Schattenspiel sind gnadenlos und verunstalten die schönsten Gesichter. Normale Augenränder mutieren zu Zombieaugenhöhlen und entzückende Leberflekke wirken wie dicke Warzen.

Die Aufmerksamkeit, die Sie Ihrem eigenen Äußeren schenken, kann ein wichtiger Baustein zum Wohlbefinden sein. Denn wer mit dem guten Gefühl in ein Interview geht, dass er für diesen Anlass angemessen gekleidet und typgerecht geschminkt ist, wird sich automatisch etwas sicherer fühlen.

14. Kapitel

Gibt es Rezepte gegen Lampenfieber?

Ja, zwei.

Bevor auf dieses unbeliebte Phänomen näher eingegangen wird, vorerst zwei gute und möglicherweise erstaunliche Nachrichten:
Lampenfieber ist prima!
Lampenfieber ist total normal!

Bei leichter Aufregung steigt die innere und äußere Aufmerksamkeit. Genau die wird unter den besonderen Bedingungen eines Medienauftritts benötigt. Selbst Schauspieler, die das Darstellen vor Publikum lieben, kennen Bühnenangst. Aus Erfahrung wissen sie allerdings, die Kraft und Energie der Anspannung für ihre Kunst zu nutzen.

Dass ungeschulte Menschen das Gefühl haben, nicht mehr sie selbst zu sein, sobald eine Kamera auf sie gerichtet ist oder sie in ein Mikrofon sprechen sollen, ist nur all zu verständlich. Dahinter steckt die Angst zu versagen oder nicht anerkannt zu werden.

Die Interviewsituation ist für alle, die nicht professionell damit arbeiten, eine absolut ungewohnte Situation. Viel Technik, Scheinwerferlicht, Geschäftigkeit am Set oder im Studio, das Wissen, dass es gleich wirklich darauf ankommt, dass man in einer Livesituation oder bei einer Aufzeichnung unter Zeitdruck nur einen Schuss frei hat, dass vielleicht mehrere Millionen Zuschauer miterleben können, wie man scheitert – das alles kann einen ganz schön kleinlaut machen. Angesichts dieser langen Latte von realen Widrigkeiten besteht der erste Schritt zur Entspannung, sich dieses Lampenfieber zu erlauben. Es ist ok, dass Sie es haben, obwohl es sich unangenehm anfühlt. Und es wird leichter es zu akzeptieren, wenn man versteht, woher es kommt und dass es eigentlich sehr sinnvoll ist.

Lampenfieber ist eine psychovegetative Reaktion auf all das Unbekannte und vermeintlich Gefährliche, das in einer Interviewsituation auf Sie warten könnte. Dahinter steckt ein altes Muster aus der Zeit, als unsere Vorfahren noch mit dem Faustkeil in der Hand zu Fuß auf der Suche nach Nahrung unterwegs waren. Wenn sie dabei unbekanntes Gelände erkundeten und auf fremde Tiere oder Mitglieder unbekannter Sippen trafen, hatte ihr Fluchtinstinkt eine wichtige Funktion. Eine große Menge Adrenalin wurde dabei ausgeschüttet. Dadurch konnten sie besser wahrnehmen, schneller denken und spontan entscheiden: bleiben oder fliehen. Wenn die Entscheidung zur Flucht fiel, dann gab's kein Halten mehr.

Das Herz schlägt schneller, die Atmung wird flacher, der Mund trocken, der Blutdruck steigt.

Bei Aufregung und Angst vor Unbekanntem reagieren wir noch heute nach genau dem gleichen Schema. Leider hat sich bei der evolutionären Entwicklung der Menschheit noch nicht durchgesetzt, dass dieses Programm, das automatisch in uns abgespult wird, für Interviewsituationen komplett ungeeignet ist.

Im Moment des Interviews sind die Symptome der Anspannung eher lästig. Das Herz schlägt schneller, die Atmung wird flacher, der Mund trocken, der Blutdruck steigt, die Spannung der Muskeln nimmt zu, was sich in zitternden Händen und Knien bemerkbar macht, gleichzeitig erkalten Hände und Füße, die Verdauung ruht und der Körper produziert kalten Schweiß – den sogenannten Angstschweiß.

Wer in diesem Zustand zu sprechen beginnt, hat eine flache, zittrige Stimme. Das löst weitere Panik aus, das Herz rast noch schneller, die Atmung wird hektisch, viele Menschen reden zur Kompensation nun lauter oder werden ganz leise, die meisten sprechen vor allem schneller, wenn sie aufgeregt sind. Andere werden atemlos und können die Worte nur noch hervorpressen. Ein Teil des Gehirns registriert, dass es mit dem Formulieren nicht mehr so richtig klappt, die Selbstbeobachtung lenkt von der Konzentration auf den Inhalt der Fragen ab, komplexes Denken wird immer schwieriger, man fängt an zu stottern, redet Unsinn, bringt die Sätze grammatikalisch nicht mehr korrekt zu Ende oder beginnt, sich zu wiederholen. Die Körperhaltung ist verkrampft, Hände werden geknetet oder zu Fäusten geballt, das Gesicht ist angespannt, der Blick angestrengt, Augenkontakt mit dem Gesprächspartner fällt schwer, Schweißperlen treten auf die Stirn – mit anderen Worten: Es ist ein Jammerspiel. Wer möchte dieser elenden Situation nicht entfliehen? Der Witz bei der Sache ist nur, dass wir heute eigentlich gar nicht mehr der Situation entfliehen möchten, sondern uns und unseren unangenehmen körperlichen Reaktionen.

Es sind genau die gleichen Symptome, die unseren Urahnen bei der Flucht geholfen haben. Nur mit diesem Muster konnten sie überhaupt überleben. Wenn man die Bedeutung der einzelnen körperlichen Phänomene untersucht, verlieren sie ihren Schrecken.

Wer zu akzeptieren lernt, dass der eigene Körper nicht dysfunktional, sondern im Gegenteil sinnvoll funktioniert, wird bald erleben, dass Stress und Aufregung nachlassen.

Deshalb untersuchen wir die wesentlichen Symptome noch einmal im Einzelnen: Der Verdauungstrakt stellt die Arbeit ein, denn wer aufs Örtchen muss, kann nicht gut rennen. Das Herz schlägt schneller, es wird häufiger geatmet, mehr Sauerstoff wird in die Muskeln transportiert. Deshalb können wir besser laufen. Wegen der Anstrengungen bei der Flucht schaltet der Organismus automatisch die Klimaanlage ein, wir schwitzen kühl. Die Gefäße in Richtung Gliedmaßen schließen sich, Hände und Füße werden kalt, die werden beim Laufen ja wieder warm. Gleichzeitig öffnen sich die Gefäße Richtung Kopf, das Blut schießt nach oben, im Gehirn wird massenhaft Adrenalin freigesetzt, die Reaktionsgeschwindigkeit steigt. Als Nebenwirkung errötet das Gesicht. Flache hektische Atemzüge lassen sich besser durch den Mund als durch die Nase nehmen, lassen aber die Schleimhäute austrocknen. Zusätzlich wird wenig Speichel produziert, das hemmt Hungergefühl und Verdauungsvorgänge. Die Hände werden feucht. Wenn unsere Vorfahren einen Stein zur Verteidigung heben mussten, hatten sie so einen besseren Halt. Gleiches gilt für das Greifen oder Festhalten beim Erklimmen von Bäumen oder der Flucht über felsiges Gebirge. Der Blick wird starr, die Pupillen weiten sich, das Sehvermögen bleibt selbst im Dämmerlicht erhalten.

Nur weil der Körper in der Lage ist, diese vielfältigen Prozesse von einem Moment auf den anderen zu steuern, konnten die Menschen früher lebensbedrohlichen Situationen entkommen.

Wer also zu solchen Stressreaktionen und Lampenfieber neigt, sollte sich eigentlich freuen. Es ist ein sicheres Zeichen für Gesundheit, Ihr Körper lässt Sie nicht im Stich, Sie könnten sogar in der Wildnis überleben. Ebenso können Sie auch vor Kamera und Mikrofon bestehen.

Denn das ausführlich beschriebene Programm läuft ja nur ab, wenn wir uns in einem fremden, ungewohnten Setting wiederfinden.

Und damit kommen wir zu den beiden Rezepten gegen Lampenfieber:
A: Gute Vorbereitung
B: Praktische Übung
So einfach – so wirksam!

Wer gut vorbereitet ist, die eigenen Kernbotschaften erarbeitet hat, wer berücksichtig wie Journalisten arbeiten und fragen, wer sich mit Ort und Zeitrahmen vertraut gemacht hat, wer die eigene Rolle kennt und ein klares Ziel vor Augen hat, wird erleben, wie Unsicherheit und Angst schrumpfen. Das geschieht natürlich nicht sofort nach Lektüre dieses Handbuches. Dem Stresssystem muss dabei geholfen werden, sich an die fremde und „bedrohliche" Situation zu gewöhnen, sich damit bekannt zu machen. Das gelingt durch häufiges praktisches Üben unter echten Bedingungen: Und das ist Medientraining.

Üben unter echten Bedingungen: Und das ist Medientraining.

Wenn ein kleiner Rest Lampenfieber übrig bleibt, ist dies nur wünschenswert. Denn der Schuss Adrenalin mehr im Kopf ist hilfreich. Er sorgt dafür, dass wir denken und formulieren können, erzeugt Schlagfertigkeit und schenkt diese angenehme Körperspannung, die sich in einer präsenten und sympathischen Ausstrahlung bemerkbar macht. In diesem Zustand können Menschen zeigen, dass sie glaubwürdig und kompetent sind.

Bis es so weit ist, hat es wenig Sinn, sich mit der eigenen Unsicherheit selbst im Weg zu stehen. Der Körper reagiert nun mal so und benötigt etwas Zeit und Übung, um sich dieses alte, an sich sinnvolle Reaktionsmuster abzugewöhnen. Wer sich über sich selbst ärgert und eigene Ängste vor dem Lampenfieber schürt, sabotiert sich. Mit Panik auf Panik zu reagieren verstärkt nämlich den Effekt. Angst kann sich so hochschrauben, dass Menschen hyperventilieren oder einen kompletten Blackout haben. Auch das ist eine normale Reaktion. Solange das Lampenfieber also noch anhält, ist es klüger, es willkommen zu heißen. Es anzunehmen, sich klar zu machen, dass der eigene Körper gar nicht anders reagieren kann, verständnisvoll mit sich selbst zu sein und die ganzen absurden Erscheinungen wenn möglich mit einer Portion Humor zu ertragen. Zuschauer neigen sowieso eher zu Mitgefühl mit aufgeregten Menschen. Sie verzeihen kleine Stotterer und zittrige Finger. Schlotternde Knie sind meist gar nicht zu sehen und auch Schwitzehändchen fallen nicht auf. Vieles ist also gar nicht so schlimm, wie Sie vielleicht meinen.

Pannenhilfe auf dem Weg zur Gelassenheit

- Bereiten Sie sich gründlich vor.
- Vermeiden Sie Zeitdruck.
- Machen Sie sich mit dem Studio oder dem Ort des Interviews vertraut.
- Bewegen Sie sich vor dem Interview. Sport, Spaziergang oder Gymnastik bauen den Bewegungsdrang bei Fluchtimpuls ab.
- Gehen Sie nicht hungrig in das Interview. Nehmen Sie vorher leichte Kost zu sich. Schweres Essen macht müde und behäbig.
- Wählen Sie Kleidung, die Schweißflecke kaschiert. Entweder dicke Stoffe oder dunkle Farben.
- Suchen Sie vor dem Interview die Toilette auf.
- Dort finden Sie auch Zeit für den letzten prüfenden Blick in den Spiegel.
- Gegen Mundtrockenheit helfen Bonbons, Kräutertee und stilles Wasser. Kohlesäurehaltige Getränke sollten wegen der Gefahr des Aufstoßens vermieden werden. Kaffee reizt die Stimmbänder und kann den Klang der Stimme beeinträchtigen.
- Ihrer belegten oder zittrigen Stimme können Sie helfen, indem Sie verbal Schwung holen. Ein klares „Ja, genau!“ oder „Nein,

auf keinen Fall!“ zu Beginn der Antwort, verleiht Ihr Druck und Kraft.

- Zitternde Hände können fest ineinander gelegt werden. Der Gegendruck beruhigt. Das feste Halten einer passenden Requisite oder Karteikarte kann ebenfalls helfen.
- Keine Selbstsabotage betreiben. Seien Sie gnädig sich und Ihren Ängsten. Ermuntern Sie sich selbst. Sie schaffen das! Die Welt wird auch durch ein vergeigtes Interview nicht aus den Fugen geraten.
- Gegen allgemeine Unruhe helfen Atemübungen.

  Tief durch die Nase einatmen und kräftig und langsam durch den Mund ausatmen. Dadurch dehnt und entspannt sich das Zwerchfell, Blockaden lösen sich.

  Eine einfache Entspannungsübung können Sie überall unbemerkt ausführen.

  Tief ein- und ausatmen. Rhythmisch dabei denken: ICH BIN GANZ RUHIG. Finden Sie Ihr eigenes ruhiges Atemtempo, dann tief einatmen ICH, langsam ausatmen BIN, tief einatmen GANZ, langsam ausatmen RUHIG. Wenn Sie das einige Male wiederholen, werden Sie automatisch etwas gelassener.

15. Kapitel

Was tun gegen Falschberichte?

Kommt immer drauf an.

Wer Sorge hat, dass er in falschem Licht dargestellt wird, kann darum bitten, die Druckversion des Interviews oder einzelner Zitate vor der Veröffentlichung zur Autorisierung vorgelegt zu bekommen. Das ist bei vielen Zeitungen durchaus üblich.

Radio- und Fernsehstationen zeigen ihre Berichte vorab im Allgemeinen nicht. Sollten Sie jedoch größere Bedenken haben, können Sie dies zur Bedingung für das Interview machen. Je nachdem, wie wichtig einer Redaktion das Thema ist, wird sie unter Umständen auf diesen Wunsch eingehen.

Man spricht in solchen Fällen von einer „Freigabe" durch den Interviewten. Das gilt auch für einzelne Statements oder Zitate. Änderungen sind natürlich grundsätzlich möglich. Beliebt machen Sie sich mit diesem Wunsch allerdings nicht. Solche Nachbearbeitungen von Interviews sind in einigen europäischen Nachbarländern ganz und gar verpönt. So ein Vorgang wird in Großbritannien z. B. als Angriff auf die Pressefreiheit gewertet und deshalb abgelehnt.

Eine Berichtigung nach Druck oder Sendung ist schwierig. Wenn Ihre Aussagen falsch interpretiert worden sind oder in einen falschen Zusammenhang gestellt wurden, können Sie mit dem verantwortlichen Redakteur Kontakt aufnehmen. Dass jedoch zeitnah im selben Medium eine Berichtigung erfolgt, kommt nur selten vor.

Anders, wenn Sie juristische Schritte einleiten. Der medienrechtliche Gegendarstellungsanspruch beruht auf dem Grundsatz audiatur et altera pars (auch der andere Teil soll angehört werden). Er ist Ausdruck des öffentlichen Interesses an inhaltlich richtiger Information und damit des Rechts auf freie Meinungsbildung.

Mit diesem Berichtigungsanspruch kann die Presse verpflichtet werden, eine falsche Tatsachenbehauptung zu korrigieren. Wohlgemerkt: Es müssen wirklich Falschaussagen vorliegen. Eine gekränkte Ehre oder das subjektive Empfinden, man sei ungerecht beschrieben worden, reichen nicht aus. Wenn beispielsweise ein Verbandsdirektor „Lobbyisten-Kriecher“ genannt wird, ist das zwar sehr unhöflich, reicht aber noch nicht für einen juristischen Korrekturanspruch.

Drei Stufen bietet das Gesetz. In jedem Fall sollten Sie zuvor einen erfahrenen Medienanwalt konsultieren und sich von ihm beraten lassen.

Bei Widerruf oder der abgeschwächten Form der Richtigstellung, wird das Presseorgan zur korrigierten Darstellung verpflichtet.

Eine Gegendarstellung kann durchgesetzt werden, wenn Tatsachen falsch vorgebracht wurden. Der Betroffene, bzw. sein Anwalt, formuliert in diesem Fall einen knappen, sachlichen Text, der die Falschaussagen entkräftet. Meinungsäußerungen und Kommentare sind nicht erlaubt. Wenn ein Zivilgericht zustimmt, muss der Wortlaut umgehend an gleicher Stelle durch das betroffene Medium veröffentlich werden.

Als dritte Möglichkeit lässt sich noch eine Unterlassungserklärung erwirken. Diese verpflichtet das Medium, die falschen Behauptungen oder Darstellungen künftig nie mehr zu wiederholen.

Der Gang zum Anwalt sollte allerdings wohlüberlegt sein. Ein juristischer Schachzug kann künftige Medienkontakte empfindlich belasten.

Die Frage ist auch, ob das bei Ihrer Zielgruppe tatsächlich den gewünschten Effekt hat. In der medialen Schnelllebigkeit gehen viele Informationen unter. Ein Leserbrief, eine eigene Pressemeldung mit Richtigstellung oder ein weiteres Interview mit einem Journalisten von der Konkurrenz sind möglicherweise wirkungsvollere Maßnahmen.

Im Falle einer Unzufriedenheit sollten Sie also zunächst gründlich abwägen, welche Schritte sinnvoll sind und welche Folgen sie haben könnten. Im Zweifelsfall hilft auch mal ein dickes Fell. Sie wissen doch: Schon morgen wird eine andere Sau durchs Dorf getrieben. Wenn Sie lange auf einem Fehler herumreiten, besteht die Gefahr, dass Sie die Situation schlimmer machen als sie ist. Denn leider kann auch bei Richtigstellungen durch die Wiederholung des Falschen ein Makel in Erinnerung bleiben.

Zur Vermeidung einer unangenehmen oder falschen Darstellung investieren Sie vorab etwas Zeit in den Aufbau einer guten Beziehung zu Journalisten.

So können Sie zum Beispiel eigeninitiativ zu einem Hintergrundgespräch einladen. Allerdings nicht in der falschen Hoffnung, dass automatisch ein Bericht folgt. Sondern einfach nur, um sich selbst als Person mit Ihrem Projekt, Ihren Meinungen, Ihrer Arbeit vorzustellen.

Das kann eine gute Grundlage für eine künftig faire Zusammenarbeit sein.

Internetangebote

Bundesverband der Medientrainer in Deutschland e. V.
www.bmtd.de

Bundesverband Deutscher Zeitungsverleger e. V.
www.bdzv.de

Deutscher Journalistenverband
www.djv.de

die medienanstalten
www.die-medienastalten.de

DUDEN
www.duden.de

Verband Deutscher Zeitschriftenverleger VDZ
www.vdz.de

Publikationen

Gregor Adamczyk/Tiziana Bruno (2015)
„Körpersprache", Haufe Verlag, Freiburg

Axel Buchholz/Gerhard Schult (2013)
„Fernsehjournalismus", Econ Verlag, Düsseldorf

Michael Diegelmann/Ulrich Wiehle (2004)
„Medientraining, Tipps zur Vorbereitung, Praxisrelevante Fragenkataloge", cometis publishing, Wiesbaden

Paul Ekmann (2010)
„Gefühle lesen", Spektrum Akademischer Verlag, Berlin

Samy Molcho (2002)
„Alles über Körpersprache", Mosaik bei Goldmann, München

Reiner Neumann/Alexander Ross
„Der perfekte Auftritt“, Murmann Verlag, Hamburg

Michael Rossie (2013)
„Sprechertraining“, Springer Fachmedien, Wiesbaden

Gerhard Roth
„Aus Sicht des Gehirns“, (2009), Suhrkamp, Berlin
„Das Gehirn und seine Wirklichkeit“, (1996), Suhrkamp, Berlin

Wolf Schneider (2007)
„Deutsch!“, Rowohlt Verlag, Reinbek